应用型本科系列教材 | 电子信息类

信号与系统分析实验指导书

（MATLAB 版）

徐亚宁　唐璐丹
王　旬　李　和　编

西安电子科技大学出版社

内 容 简 介

本书是与"信号与系统"课程的理论教材《信号与系统分析》(徐亚宁、李和编著，西安电子科技大学出版社，2012 年)一书相配套的计算机仿真实验课程指导书。本书的实验内容与教材的理论同步，全面系统地介绍了应用 MATLAB 对信号与系统进行分析的具体方法，包括 MATLAB 程序入门和基础应用、连续时间信号的分析、连续时间系统的时域分析、连续时间系统的频域分析、连续时间系统的复频域分析、离散时间信号与系统的时域分析、离散时间系统的 Z 域分析、连续信号的采样与恢复等内容，同时还附有理论教材中各章的部分上机练习参考程序。

本书内容叙述清楚、深入浅出、言简意赅、实践性强，所有应用实例均通过 MATLAB 上机调试。

本书可作为应用型本科院校的通信工程、电子信息工程、自动化、测控技术与仪器等专业学生的实验教材，也可供相关工程技术人员参考。

图书在版编目(CIP)数据

信号与系统分析实验指导书：MATLAB 版/徐亚宁等编.
—西安：西安电子科技大学出版社，2012.8(2021.1 重印)
ISBN 978 - 7 - 5606 - 2894 - 3

Ⅰ. ① 信⋯ Ⅱ. ① 徐⋯ Ⅲ. ① 信号分析－高等学校－教学参考资料
② 信号系统－系统分析－高等学校－教学参考资料 Ⅳ. ① TN911.6

中国版本图书馆 CIP 数据核字(2012)第 173078 号

策　　划	马乐惠
责任编辑	任倍萱　马乐惠
出版发行	西安电子科技大学出版社(西安市太白南路 2 号)
电　　话	(029)88242885　88201467　　邮　编　710071
网　　址	www.xduph.com　　　　电子邮箱　xdupfxb001@163.com
经　　销	新华书店
印刷单位	陕西天意印务有限责任公司
版　　次	2012 年 8 月第 1 版　2021 年 1 月第 5 次印刷
开　　本	787 毫米×1092 毫米　1/16　印　张　6.5
字　　数	148 千字
印　　数	8501～10 500 册
定　　价	15.00 元

ISBN 978 - 7 - 5606 - 2894 - 3/TN

XDUP 3186001 - 5

前　言

　　"信号与系统"是通信和电子信息类专业的核心基础课，该课程的特点是概念抽象，数学公式推导较为复杂，结果较难理解。近年来，随着计算机和数学工具软件的发展，利用软件辅助信号与系统的教学与实践已成为主流发展趋势。

　　《信号与系统分析实验指导书(MATLAB版)》是与《信号与系统分析》(徐亚宁、李和编著，西安电子科技大学出版社，2012)相配套的计算机仿真实验课程指导书，可在可视化的交互式实验环境中，以计算机为辅助教学手段，以 MATLAB 为实验平台，辅助学生完成"信号与系统"课程中的数值分析、可视化建模及仿真调试；同时，借助本书，可将"信号与系统"课程教学中的难点、重点及部分课后练习，通过计算机进行可视化的设计、调试和分析，从而使学生从繁杂的手工运算中解脱出来，而把更多的时间和精力用于对信号与系统基本分析方法和原理的理解和应用上。这样更有利于培养学生主动获取知识和独立解决问题的能力，为学习后继专业课打下坚实的基础。

　　本书由桂林电子科技大学徐亚宁，桂林电子科技大学信息科技学院唐璐丹、王旬、李和共同编写。其中，徐亚宁负责全书统稿工作，实验一、二和附录由李和编写，实验三、四、五由王旬编写，实验六、七、八由唐璐丹编写。本书所有应用实例均通过 MATLAB 上机调试。

　　限于作者水平，书中难免存在不足，恳请读者批评指正！

编　者

2012 年 6 月

目　　录

实验一　MATLAB 程序设计入门和基础应用

一、实验目的

1. 学习 MATLAB 软件的基本使用方法；
2. 了解 MATLAB 的数值计算、符号运算、可视化功能；
3. MATLAB 程序设计入门。

二、MATLAB 软件介绍

MATLAB 被广泛应用于各个领域，是当今世界上最优秀的数值计算软件。它广为流传的原因不仅在于其强大的计算功能和丰富方便的图形功能，还在于它编程效率高，扩充能力强，语句简单，易学易用。

1. MATLAB 简介

在科学技术飞速发展的今天，计算机正扮演着越来越重要的角色。在科学研究与工程应用的过程中，科技人员往往会遇到大量繁重的数学运算和数值分析。传统的高级语言，如 Basic、Fortran 及 C 语言等虽然能在一定程度上减轻计算量，但它们均要求应用人员具有较强的编程能力和对算法有深入的研究。

另外，在运用这些高级语言进行计算结果的可视化分析及图形处理方面，对非计算机专业的普通用户来说，仍存在着一定的难度。MATLAB 正是在这一应用要求背景下产生的数学类科技应用软件，它具有顶尖的数值计算功能、强大的图形可视化功能及简洁易学的"科学便笺式"工作环境和编程语言，极大地满足了科技工作人员对工程数学计算的要求，从而将他们从繁重的数学运算中解放出来，并且越来越受到广大科技工作者的欢迎。

MATLAB 是 matrix 和 laboratory 前三个字母的缩写，意思是"矩阵实验室"，是 MathWorks 公司推出的数学类科技应用软件，其 DOS 版本（MATLAB 1.0）发行于 1984 年，到现在已经发展到了 R2011b。经过 20 多年的不断发展与完善，MATLAB 已发展成为由 MATLAB 语言、MATLAB 工作环境、MATLAB 图形处理系统、MATLAB 数学函数库和 MATLAB 应用程序接口五大部分组成的集数值计算、图形处理、程序开发为一体的功能强大的系统。MATLAB 由"主包"和 30 多个扩展功能和应用学科性的工具箱（Toolboxs）组成。

MATLAB 具有以下基本功能：
- ❖ 数值计算功能
- ❖ 符号计算功能
- ❖ 图形处理及可视化功能
- ❖ 可视化建模及动态仿真功能

MATLAB 语言是以矩阵计算为基础的程序设计语言，其语法规则简单易学，用户不用花太多时间即可掌握其编程技巧。MATLAB 的指令格式与教科书中的数学表达式相近，用 MATLAB 编写程序犹如在便笺上列写公式和求解一样，因而被称为"便笺式"编程语言。另外，MATLAB 功能丰富，拥有完备的数学函数库及工具箱，大量繁杂的数学运算和分析可通过调用 MATLAB 函数直接求解，从而大大提高了编程效率。MATLAB 程序的编译和执行速度远远超过了传统的 C 和 Fortran 语言，因而用 MATLAB 编写程序，往往可以达到事半功倍的效果。在图形处理方面，MATLAB 可以给数据以二维、三维乃至四维的直观表示，并在图形色彩、视角、品性等方面具有较强的渲染和控制能力，使科技人员对大量原始数据的分析变得轻松和得心应手。

正是由于在数值计算及符号计算等方面的强大功能，MATLAB 才能一路领先，成为数学类科技应用软件中的佼佼者，深受工程技术人员及科技专家的欢迎，并成为应用学科计算机辅助分析、设计、仿真、教学等领域不可缺少的基础软件。目前，MATLAB 已成为国外高等院校本科生、研究生必须掌握的基础软件，国内很多理工院校也已经把 MAT-LAB 作为学生必须掌握的一种软件，"教育部全国计算机专业课程指导委员会"已将 MATLAB 语言列为推荐课程。

2. MATLAB 的安装

当前最常用的 MATLAB 版本是 MATLAB 6.5，虽然它不是最新的版本，但是它已经把 MATLAB 的功能很好地汇总在了一起。

MATLAB 既可在 PC 单机环境下安装，亦可在网络环境下安装。以下介绍 MATLAB 6.5 在使用 Microsoft Windows 2000 或者 Windows XP 操作系统的 PC 机单机环境下的安装。

MATLAB 6.5 对系统的基本要求：

❖ Microsoft Windows 2000 或者 Windows XP

❖ 奔腾处理器（1.0 GHz 以上）

❖ 256 MB 以上内存

❖ 16 位以上显卡

在系统满足上述要求的情况下，即可进行 MATLAB 6.5 的安装。

（1）到相关网站下载 MATLAB 6.5 安装程序。下载得到的文件一般为压缩格式，首先要把它解压缩，然后点击 setup 安装图标开始安装。安装开始后会打开如图 1.1 所示的"欢迎进入 MathWorks 的 RELEASE 13"的安装界面，同时启动 MATLAB 6.5 的安装程序。

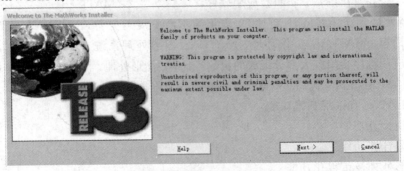

图 1.1　MathWorks 公司的软件安装界面

（2）在安装程序自动打开 MathWorks 公司的多种安装工具后，按下【Next】按钮继续安装。

（3）安装程序自动进入注册对话框，用户在相应的编辑框内输入产品注册码（可以在解压缩后的文件夹中找到），然后按下【Next】按钮继续安装。

（4）用户认可 MathWorks 公司的软件协议后，继续在用户名称和公司名称的编辑框内输入相关信息，按下【Next】按钮继续安装。

（5）安装程序会自动打开如图 1.2 所示的对话框。MATLAB 的组件、安装目录路径以及安装所需要的磁盘空间等信息均显示在该对话框中。在图 1.2 中的第 1 项下的编辑框内输入安装的路径与目录，并可点击【Browse】按钮，以浏览、选择并改变 MATLAB 的安装路径与子目录；第 2 项下的 3 个单选钮用以选择仅安装系统或仅安装文件或系统、文件都安装。第 3 项下的两个单选钮可以选择安装文件的语种，即英语、英语及日语等；第 4 项下的多个复选框可以选择要安装的组件。

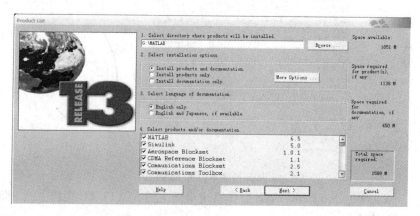

图 1.2　MATLAB 6.5 安装目录路径与组件选择界面

在图 1.2 中，我们可以看到安装全部 MATLAB 6.5 所需要的磁盘空间（约 1.6 G）。按下【Help】按钮即可获得相关的帮助；按下【Back】按钮可返回到上一步；按下【Cancel】按钮即可退出安装；按下【Next】按钮可继续安装。

（6）MATLAB 6.5 安装成功的提示界面如图 1.3 所示。从中用单选钮选择"立即重新启动计算机"或"不立即重新启动计算机"，按下【Finish】按钮，安装过程结束，并在 Windows 的操作桌面上生成 MATLAB 6.5 快捷图标。

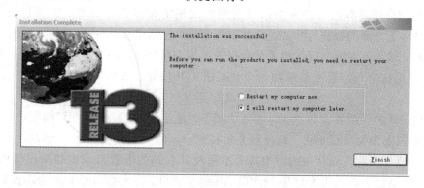

图 1.3　安装完成的提示界面

3. MATLAB 的启动与退出

MATLAB 的启动方式有两种。

方式一：单击【开始】菜单，依次选择【所有程序】→【MATLAB 6.5】→【MATLAB 6.5】，即可启动并打开 MATLAB 命令窗口（如图 1.4 所示）。

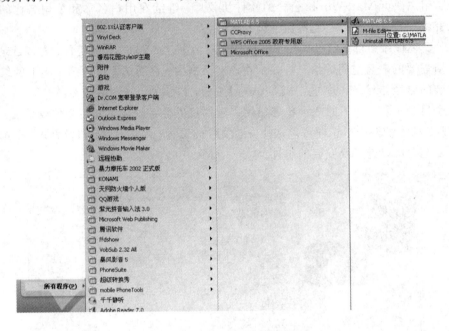

图 1.4　从开始菜单打开 MATLAB 6.5

方式二：双击 Windows 2000/XP 操作系统桌面上的 MATLAB 快捷方式，即可启动并打开 MATLAB 命令窗口。

退出 MATLAB 非常简单，只需在 MATLAB 命令窗口内键入命令 quit 或单击命令窗口的【关闭】按钮即可。

三、MATLAB 软件的基本操作

1. MATLAB 的系统界面

MATLAB 既是一种高级计算机语言，又是一个编程环境。通常，MATLAB 的系统界面是指这个软件所具有的各种界面以及这些界面里的诸多菜单命令、工具栏按钮与对话框。通过对以下界面的操作，可以运行并管理系统，包括生成、编辑与运行程序，管理变量与工作空间，输入、输出数据与相关信息以及生成与管理 M 文件等。本节主要介绍 MATLAB 6.5 的系统界面、系统菜单项命令、系统工具按钮、系统界面的窗口、Start 开始按钮等。

MATLAB 的系统界面如图 1.5 所示。图中，最上面有"MATLAB"标题，标题栏的右边从左到右依次为窗口最小化、缩放和关闭按钮。标题栏下面是条形主菜单，主菜单下面是工具栏按钮与设置当前目录的弹出式菜单框及其右侧的查看目录树的按钮（【Browse for Folder】）。工具栏下面的大窗口是 MATLAB 的主窗口。在大窗口里有 4 个小窗口（这是桌面平台的默认设置）分别是"Workspace"、"Current Directory"、"Command History"、

"Command Window"。最下方的是"Start"（开始）按钮。

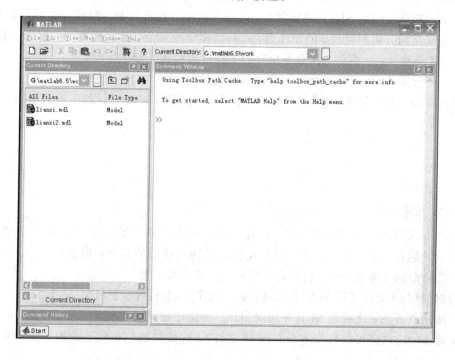

图 1.5　MATLAB 命令窗口

2. MATLAB 6.5 的菜单项命令

MATLAB 6.5 的条形主菜单有【文件（File）】、【编辑（Edit）】、【查看（View）】、【网络（Web）】、【窗口（Window）】、【帮助（Help）】等 6 个菜单项。

在【文件（File）】菜单中，我们可以新建或打开各种不同的文件，如 M 文件、Simulink 仿真库等等，还可以把已经编辑好的文件进行存档。在【编辑（Edit）】菜单，我们可以取消或者重复对文件的操作，还可以对文件进行复制、粘贴、剪切和删除等。操作【查看（View）】菜单的功能用于查看各种界面。在联网的情况下点击【网络（Web）】菜单，可以看到 MathWorks 公司网站的一些信息。【窗口（Window）】下拉菜单项里仅有【关闭所有窗口】的子项。【帮助（Help）】菜单用以使用 MATLAB 的帮助命令。

MATLAB 6.5 的工具栏以图标方式为用户提供了 MATLAB 的常用命令及操作。工具栏图标及对应功能如图 1.6 所示。

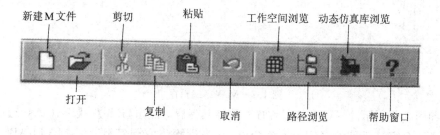

图 1.6　工具栏

命令窗口的工作区是用户使用 MATLAB 6.5 的重要空间。在这里，MATLAB 6.5 为用户提供了交互式的工作环境,即用户可随时输入命令,而计算机即时给出运算结果。用户只需输入简单易学的 MATLAB 命令,即可进行诸如数值计算、符号运算和运算结果的可视化等复杂的分析和处理。但要注意,每一条命令或命令行键入后都要按【Enter】(回车)键,命令才会被执行。例如,在命令窗口的工作区直接输入如下字符:

  a=ones(3,3)

然后按回车键,即可创建一个 3×3 且元素值为 1 的矩阵,屏幕显示如下运行结果:

  a=

   1 1 1

   1 1 1

   1 1 1

3. M 文件编辑

  启动 MATLAB,进入如图 1.5 所示的界面,可以在命令窗口输入一些简单的单条指令并查看其运行结果,但命令窗口中不能修改已输入执行的指令,也不能保存。因此,在编辑多条指令的复杂程序时,使用命令窗口就显得不太方便了。

  通常使用 M 文件进行 MATLAB 编程。点击【File】→【New】→【M-file】命令,可打开如图 1.7 所示的界面,也就是 M 程序编辑窗口。在程序编辑窗口按下 Ctrl+n 键,或者直接点击新建 M 文件(还可以新建多个空白 M 文件),这就是我们在接下来的实验中要用到的界面。

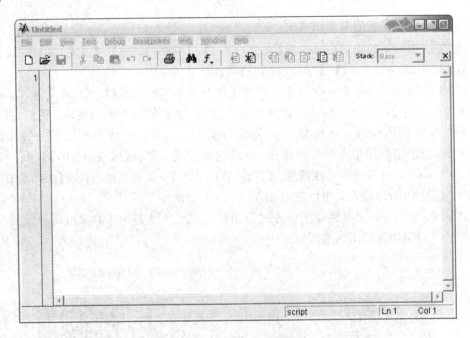

图 1.7　M 程序编辑窗口

  在如图 1.7 所示的界面中编写程序,并将其保存。点击【File】→【Save As…】命令,给文件输入一个容易辨别的名字,系统会以 .m 为后缀将它保存到 G:\MATLAB\work 的 work 文件夹中,因此我们称程序为 M 文件。文件保存之后,点击【Debug】→【Run】命令,或者直接按 F5 键,即可对程序进行编译。编译成功,会听到"嘀"的一声,随之得到程序运行结果。如果是数值运算结果，会显示在如图 1.5 所示的命令窗口中；如果是图形，会弹出新窗口并予以显示。如果编译不成功，则会在命令窗口中显示哪一行出现错误的信息。根据错误提示，对指出的错误进行修改，并再次编译运行。

M 文件的命名规则如下：

（1）文件名由规定长度的英文字符、数字和下划线组成，但第一个字符不能为数字。

（2）文件名不能是 MATLAB 的一个固有函数名。M 文件名的命名尽量不要是简单的英文单词，最好由大小写英文字母/数字/下划线等组成。因为简单的英文单词名容易与 MATLAB 内部函数名同名，所以结果会出现一些莫名其妙的错误。

（3）文件名不能包含空格。

4. 常用指令的介绍

在整个信号与系统的实验过程中，我们要通过 MATLAB 语言的编程来实现对信号的描述、时域分析、卷积计算以及变换域分析等。因此，对 MATLAB 中的简单常用指令必须加以了解。

1）函数文件

以 function 开头的 M 文件是我们自己编写的完成特定功能的一些程序，称为函数文件。在 MATLAB 中将其封装成一条语句供其他 M 文件调用。

MATLAB 的自带函数不可能完成所有的功能，更多的时候需要用户编写程序来实现其想要的功能，这时就要用到函数文件。函数文件只能被其他 M 文件调用，本身不能运行，且函数文件必须和调用它的 M 文件保存在同一个文件夹中。

函数文件的调用格式：function ＊＊＊＊（　　　）。

其中，括号外面为函数名称，括号里面为函数中要用到的参量。

2）绘图命令

MATLAB 可视化的特点体现在它提供了多种画图命令，调用这些画图命令可方便地把程序的结果用图形显示出来。

以绘制连续函数图形的 plot 命令为例，该命令可自动打开一个图形窗口，用直线连接相邻两数据点来绘制图形，根据图形坐标大小自动缩扩坐标轴，将数据标尺及单位标注自动加到两个坐标轴上，可自定坐标轴，并将 x、y 轴用对数坐标表示。还可以任意设定曲线颜色和线型，给图形加坐标网线和注释。下面介绍一些常用的绘图指令。

• plot(x, y)命令：用来绘制用向量表示法（在下一章中讲到）表示的连续信号的波形。它的功能是将向量点用直线依次连接起来。

调用格式：plot(k, f)

其中，k 和 f 是向量。

• ezplot()命令：用来绘制用符号运算表示法表示的连续信号的波形。

调用格式：ezplot(f, [t1, t2])

其中，[t1, t2]为时间变量 t 的取值范围，f 是以 t 为变量的函数。

• stem()命令：专门用来绘制离散序列的波形。

调用格式：stem(k, f)

调用此命令可以绘制出离散序列的点状图。

• subplot()命令：用于在一个图形窗口中显示多个子图形。在 MATLAB 绘图过程中，有时候为了便于观测图形的变化，需要在一幅波形显示窗口显示多个信号的波形，这时可以调用 subplot()命令。

调用格式：subplot(n1, n2, k)

subplot()命令要和画图指令配合使用，如定义一个 subplot(2，2，1)，就可以在显示窗口中显示两行两列 k＝2×2 个波形，这 4 个图形的编号从左到右从上到下依此为 1、2、3、4，接下来画图语句得到的图形就会显示在 1 号子图的位置。

3) 图形注释命令

为了增加图形的可懂度，以方便我们看图，需要在函数图形或者信号波形图上给出相应的注释。下面介绍常用的图形注释命令。这些图形注释命令只有在绘图命令执行后才能对绘制的图形进行注释，因此需要放在图形绘制命令之后。

• title()命令：用于标注图形的标题。

调用格式：title('……')

括号中两个单引号包含的内容可以是任意对图形进行注释的文字，调用该命令后，会在图形上方显示单引号里的内容作为图形的标题。

• xlabel()、ylabel()命令：这两条指令也是用来对绘制出来的波形做标注用的，可以标注出两个坐标轴所代表的物理量，增加图形中的信息量。

调用格式：xlabel('……')，ylabel('……')

括号中两个单引号包含的内容是对坐标轴做注释的文字或字母。

• axis()命令：用于定义绘制波形中坐标的范围。

调用格式：axis([k1, k2, g1, g2])

其中，k1、k2 表示横坐标的范围，g1、g2 表示纵坐标的范围。

• grid on()命令：用于给绘制的图形标注网格。

• grid off()命令：用于关闭图形中的网格。

4) 其他常用指令

• subs()命令：此命令可以将连续信号中的时间变量 t 用 t－t0、at 等来替换，从而可以完成信号在时域范围内的变换。

调用格式：subs(f, t, t－t0)

通过调用此函数可以把信号做移位，伸展等变换。

• fliplr()命令：此函数用来将向量以零时刻为基准点进行反折。

调用格式：f＝fliplr(f1)

这样 f 就是向量 f1 反折后的向量。

• min()、max()命令：这两个命令可以用来比较算出一个向量中的最小值和最大值，或者比较得出两个值中的较小值。

调用格式：min(k)，max(k)，min(k1, k2)，max(k1, k2)

• length()命令：此函数可以计算出向量的长度。

调用格式：length(f)

• conv()命令：这个函数是用来计算两个序列的卷积和，调用此函数，可以将两个给定的序列计算出卷积和。调用格式：

f＝conv(f1, f2)

括号里的 f1、f2 代表参与卷积运算的两个信号,调用此函数时,必须先定义 f1、f2。

5) 矩阵生成命令

• ones()命令:产生元素全部为 1 的矩阵。

调用格式:ones(m, n)

表示产生 m 行 n 列的元素全部为 1 的矩阵。本书中常用此函数来表示离散阶跃序列,或者定义连续的门信号。

• zeros()命令:产生元素全部为 0 的矩阵。

调用格式:zeros(m, n)

表示产生 m 行 n 列的元素全部为 0 的矩阵。

• linspace()命令:用于在两个数之间产生规定数目的一组等间距数。

调用格式:linspace(x1, x2, N)

其中,x1、x2、N 分别为起始值、终止值、元素个数。若缺省 N,则默认点数为 100。

• a:b:c()命令:用于产生从 a 开始,到 c 结束的一组等差数列,每两个相邻元素之间的差为 b。

调用格式:0:0.1:1

表示从 0 开始,间隔 0.1 取一个数一直取到 1,总共 11 个数组成的等差数列。一般用于表示函数或者信号的自变量取值。

6) 符号命令

• syms()命令:在符号表示法中,可以用此命令来定义变量。

调用格式:syms t

表示定义一个变量 t。

• sym()命令:是符号表示法中的调用系统自带函数的命令。

调用格式:f = sym('……')

其中,中间为系统能识别的常用信号,如正弦信号、指数信号 $e^{-\pi t}$ 等。

7) clc 和 clear 命令

• clc()命令:M 文件的运行结果如果不是图形,就会显示在主界面的命令窗口中。每运行一次 M 文件,结果都会显示在命令窗口,这样,每次运行的结果就不容易分辨,为了不混淆每次运行的结果,我们可以在 M 文件的开头加上 clc 命令,该命令用于清空命令窗口的内容。

• clear()命令:在 MATLAB 中每次定义一个变量,都会保存在工作空间,如果我们在运行完一个程序后,没有清空工作空间,就会造成变量混淆的问题,因此可以调用 clear()命令对工作空间进行清空。

调用格式:clear, clc

直接调用不需要参数输入。一般在每个 M 文件的开头都加上这两条命令。

8) help 命令

MATLAB 提供了强大的帮助功能,可以直接通过使用菜单栏上的 help 项来查找 MATLAB 的自带函数命令,也可以在命令窗口中输入需要查找的命令进行查找。如在命令窗口中输入 help max,按回车键,就会显示如下内容,主要是告诉用户 max 这条命令的作用及其调用格式,见图 1.8。

```
>> help max
MAX    Largest component.
       For vectors, MAX(X) is the largest element in X. For matrices,
       MAX(X) is a row vector containing the maximum element from each
       column. For N-D arrays, MAX(X) operates along the first
       non-singleton dimension.
```

图 1.8　命令运行结果

四、基本实验内容及程序示例

1. 打开 MATLAB 的系统界面，对其功能做一个大致了解；新建一个文件夹，以自己的汉语名字命名，以后就用该文件夹专门存放自己编制的 M 文件和产生的图形；将该文件夹设置成当前工作目录。

2. 学习数值、矩阵、运算符、向量的矩阵运算及数组运算的描述方法。

【实例 1-1】　用一个简单命令求解线性系统。

$$3x_1 + x_2 - x_3 = 3.6$$
$$x_1 + 2x_2 + 4x_3 = 2.1$$
$$-x_1 + 4x_2 + 5x_3 = -1.4$$

解：A=[3 1 -1; 1 2 4; -1 4 5]; b=[3.6; 2.1; -1.4];
　　　x=A\b
　　　x = 1.4818　　-0.4606　　0.3848

【实例 1-2】　用简短命令计算并绘制在 $0 \leqslant x \leqslant 6$ 范围内的 $\sin 2x$、$\sin 2x$、$\sin x^2$。

解：clc, clear;
　　　x=linspace(0, 6);
　　　y1=sin(2 * x);
　　　y2=sin(x.^2);
　　　y3=(sin(x)).^2;
　　　plot(x, y1, x, y2, x, y3);
　　　legend('y1=sin(2 * x)', 'y2=sin(x.^2)', 'y3=(sin(x)).^2');

【实例 1-3】　曲线绘图：观察以下各段语句的绘图结果。

A：x=[0, 0.48, 0.84, 1, 0.91, 0.6, 0.14]
　　plot (x)
B：t=0:pi/100:2 * pi;
　　y=sin(t); y1=sin(t+0.25); y2=sin(t+0.5);
　　plot(t, y, t, y1, t, y2)
C：subplot(1, 3, 1); plot(t, y)
　　subplot(1, 3, 2); plot(t, y1)
　　subplot(1, 3, 3); plot(t, y2)
D：subplot(3, 1, 1);
　　plot(t, y)

```
    subplot(3，1，2)；
    plot(t，y1)
    subplot(3，1，3)；
    plot(t，y2)
E：ezplot('sin(x)')
    ezplot('sin(x)'，'cos(y)'，[−4 * pi ，4 * pi]，figure(2))
```

五、扩展实验内容

1. 说明产生一个 MATLAB 行向量的两种方法，其中行向量从 0 开始，并在 pi 结束，共有 13 个等间隔点。

2. 假定行向量 $x=[3\ 6\ 9]$，$y=[5\ 3\ 0]$，下列 MATLAB 运算的结果是什么？

(1) x＋y；(2) x. * y；(3) x.^y；(4) x./y。

3. 绘制信号 $x(t)=\mathrm{e}^{-\sqrt{2}t}\sin\left(\dfrac{2}{3}t\right)$ 的曲线，t 的范围为 0～30 s，取样时间间隔为 0.1 s。

六、实验报告要求

1. 简述实验目的。

2. 总结 M 文件的编译步骤及命名规则。

3. 整理基本实验内容【实例 1 - 2】、【实例 1 - 3】的程序，标注关键语句实现的功能，打印运行结果图形并粘贴在实验报告上。

4. 如学有余力，对扩展实验内容进行编程仿真；标注关键语句实现的功能，并把程序和结果粘贴在实验报告上。

5. 总结实验心得体会。

实验二　连续时间信号的分析

一、实验目的

1. 学习使用 MATLAB 产生基本的连续信号、绘制信号波形；
2. 实现信号的基本运算，为信号分析和系统设计奠定基础。

二、实验原理

1. 基本信号的产生

我们在数学上表示一个函数，需要有一个自变量和一个因变量，在信号与系统中，我们用一个函数来表示一个信号。对于连续信号，其自变量的取值不是一两个数，而是在一个区间内的无穷个数，对应每一个自变量的取值，函数的因变量都有确定的值与之对应，因此函数的因变量也是无穷多个。严格来说，MATLAB 并不能处理连续信号无穷多个自变量和因变量，只能用等时间间隔点的样值来近似表示连续信号。当取样时间间隔足够小、取出的样值足够多时，这些离散的样值就能较好地近似连续信号。因此，我们在MATLAB 中用某一区间内一组等间隔的数组成的向量来表示信号自变量的取值，对应自变量向量中每一个值都能根据函数关系求出一个应变量的值，这些应变量的值也组成一个向量，表示连续信号的值，即在 MATLAB 中表示一个信号需要两个向量，一个是自变量的向量，一个是信号的值的向量，一般信号的值的向量由自变量向量根据函数关系求得。

MATLAB 提供了许多函数用于产生常用的基本信号，如：阶跃信号、脉冲信号、指数信号、正弦信号和周期矩形波信号等。这些基本信号是信号处理的基础。程序示例列出了常用信号的 MATLAB 产生命令，并绘制了相应的波形图。

2. 连续信号的基本运算

信号的基本运算包括加、减、乘、平移、反折、尺度变换等。

1）相加、相减、相乘

信号的相加、相减、相乘只需要将信号在相同自变量取值上的值进行相加减乘就可以了。

2）平移

对于连续信号 $f(t)$，若有常数 $t_0>0$，延时信号 $f(t-t_0)$ 是将原信号沿正 t 轴方向平移时间 t_0，而 $f(t+t_0)$ 是将原信号沿负 t 轴方向移动时间 t_0。

3）反折

连续信号的反折是指将信号以纵坐标为对称轴进行反转，经过反折运算后信号 $f(t)$ 变成 $f(-t)$。

4）尺度变换

连续信号的尺度变换是指将信号的横坐标进行展宽或压缩变换，经过尺度变换后信号 $f(t)$ 中变为 $f(at)$。当 $a>1$ 时，信号 $f(at)$ 以原点为基准，沿横轴压缩到原来的 $1/a$；当 $0<a<1$ 时，就展宽至原来的 $1/a$ 倍。

三、程序示例

【实例 2-1】　连续阶跃信号的产生。阶跃信号 $u(t)$ 的定义为

$$u(t) = \begin{cases} 1 & (t > 0) \\ 0 & (t < 0) \end{cases} \tag{2-1}$$

编写一个函数文件，用于产生单位阶跃信号 $u(t)$。前面已经介绍过，函数文件只能被调用而不能运行，产生阶跃信号的函数文件如下：

```
function y=u(t)          %以 function 开头的 M 文件就是函数文件
y=(t>0);
end
```

根据阶跃信号的定义，当 $t>0$ 时，括号内条件成立，返回给 y 的函数值为 1；反之，括号内条件不成立，返回给 y 的函数值为 0，从而完成单位阶跃信号的产生。

将以上代码输入 M 文件编辑器，保存，默认保存名为"u.m"，然后新建 M 文件调用它产生一个阶跃信号并画图。

```
clc, clear;              %清屏
t= -2:0.001:6;           %表示自变量的向量，取值范围[-2,6]，取值间隔
                         %为 0.001
x=u(t);                  %调用编好的函数文件产生单位阶跃信号
plot(t, x);              %画出函数图形
axis([-2, 6, 0, 1.2]);   %规定信号波形图上横坐标和纵坐标的显示范围
title('单位阶跃信号');    %给图形加标题
```

程序的运行结果如图 2.1 所示。

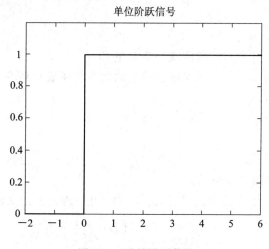

图 2.1　连续阶跃信号

【实例 2 - 2】 连续指数信号的产生。指数信号的表达式为

$$f(t) = Ke^{at} \qquad (2-2)$$

产生随时间衰减的指数信号的 MATLAB 程序如下:

```
clc, clear;
t = 0:0.001:5;
x = 2 * exp(-t);
plot(t, x);
title('指数信号');
```

程序的运行结果如图 2.2 所示。

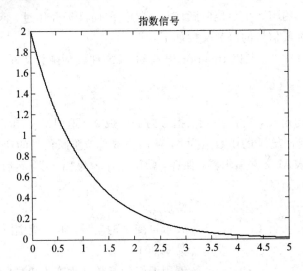

图 2.2　连续指数信号

【实例 2 - 3】 连续正弦信号的产生。连续正弦信号为

$$f(t) = K \sin(\omega t + \theta) \qquad (2-3)$$

利用 MATLAB 提供的 sin 和 cos 函数可产生正弦和余弦信号。产生一个幅度为 2、频率为 4 Hz、初始相位为 pi/6(MATLAB 中 pi 表示数学上的 π)的正弦信号的 MATLAB 程序如下:

```
clc, clear;
f0=4;               %定义一个常量 f0
w0=2 * pi * f0;     %将赫兹单位的频率转换成角频率
t = 0:0.001:1;
x = 2 * sin(w0 * t + pi/6);
plot(t, x);
title('正弦信号');
```

程序的运行结果如图 2.3 所示。

【实例 2 - 4】 连续矩形脉冲信号(门信号)的产生。理论上定义的门信号为

$$g_\tau(t) = \begin{cases} 1 & \left(|t| < \dfrac{\tau}{2} \right) \\ 0 & （其他） \end{cases} \qquad (2-4)$$

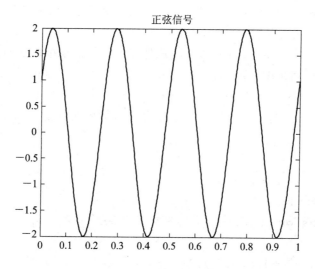

图 2.3　连续正弦信号

在 MATLAB 中，可以用函数 rectpulse(t，w)产生高度为 1、宽度为 w、关于 t＝0 对称的门信号。对门信号移位可以产生普通的矩形信号，将命令中的 t 变为 t－t_0(t_0＞0，右移，也称为延时；t_0＜0，左移，即左加右减)即可产生普通的矩形信号。例如，产生高度为 1、宽度为 4、延时 2 s 的矩形脉冲信号的 MATLAB 程序如下：

```
clc，clear；
t＝－2：0.02：6；
x＝rectpuls(t－2，4)；
plot(t，x)；
axis([－2，6，0，1.2])
title('矩形脉冲')；
```

程序的运行结果如图 2.4 所示。

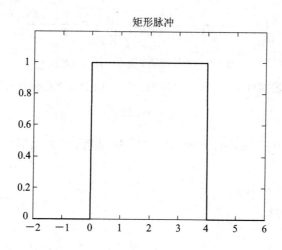

图 2.4　连续矩形脉冲信号

也可以使用两个单位阶跃信号的移位相减后得到矩形信号或者门信号。

【实例 2‑5】　连续周期矩形波信号（方波）的产生。在 MATLAB 中，函数 square(w0

*t，DUTY)产生基本频率为 w0（周期 T＝2pi/w0）、占空比为 DUTY＝（τ/T）*100 的周期矩形波(方波)。默认情况下，占空比 DUTY＝50。

占空比指的是一个周期内，矩形波正电压持续的时间占整个周期的比例，即 τ 为一个周期中信号为正的时间长度。如果 τ＝T/2，那么 DUTY＝50，square(w0 * t，50)等同于 square(w0 * t)。

产生一个幅度为 1、基频为 2 Hz、占空比为 50% 的周期方波的 MATLAB 程序如下：

```
clc, clear;
f0＝2;
t ＝ 0:.0001:2.5;
w0＝2 * pi * f0;
y ＝ square(w0 * t，50);        %占空比为 50%
plot(t, y);
axis([0, 2.5, −1.5, 1.5]);
title('周期方波')
```

程序的运行结果如图 2.5 所示。

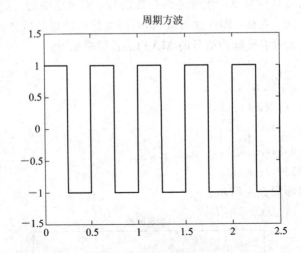

图 2.5　连续周期矩形波(方波)信号

【实例 2 - 6】　连续抽样信号(Sa 函数)的产生。理论上 Sa 函数的定义为

$$Sa(t) = \frac{\sin t}{t}$$

MATLAB 中有专门的命令 sinc()产生抽样信号 Sa 函数，程序如下：

```
clc, clear;
t＝ −10:1/500:10;
x＝sinc(t/pi);
plot(t, x);
title('抽样信号');
grid on;        %图形上开网格显示
```

程序的运行结果如图 2.6 所示。

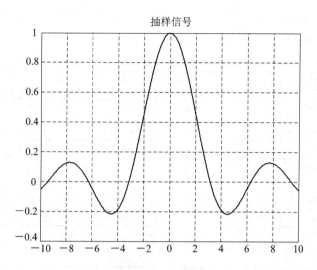

图 2.6　连续抽样信号

【**实例 2 - 7**】　已知一脉宽为 4 的矩形信号 $f(t)=\begin{cases} 1 & (-1<t<3) \\ 0 & (其他) \end{cases}$，用 MATLAB 分别画出移位 t_0 个单位的信号 $f(t-t_0)(t_0=2)$、反折后的信号 $f(-t)$、尺度变换后的信号 $f(at)(a=1/2)$。

我们先写一个函数文件表示矩形信号 $f(t)$，在这个函数文件里，我们还可以调用之前编的函数文件 u.m，程序如下：

```
function y=f(t)
y=u(t+1)-u(t-3);     %用两个单位阶跃信号的移位相减来产生矩形信号
```

将该函数文件保存为 f.m，然后新建 M 文件调用它，画出 $f(t)$ 平移反折尺度变换以后信号的波形，程序如下：

```
clc, clear;
t=linspace(-4, 7, 10000);        %另一种产生等间隔自变量样点的方法

subplot(4, 1, 1);                %划分子图，子图呈四行一列分布，画子图 1
plot(t, f(t));                   %调用之前编的函数文件 f.m
grid on;                         %开网格显示
xlabel('x'), ylabel('f(t)');     %x 轴、y 轴的标注
axis([-4, 7, -0.5, 1.5]);
subplot(4, 1, 2), plot(t, f(t-2)), grid on;     %画子图 2
xlabel('x'), ylabel('f(t-2)'); axis([-4, 7, -0.5, 1.5]);

subplot(4, 1, 3), plot(t, f(-t)), grid on;      %画子图 3
xlabel('x'), ylabel('f(-t)'); axis([-4, 7, -0.5, 1.5]);

subplot(4, 1, 4), plot(t, f(1/2 * t)), grid on; %画子图 4
```

xlabel($'$x$'$)，ylabel($'$f(1/2 * t)$'$)；axis([-4，7，-0.5，1.5])；

程序的运行结果如图 2.7 所示。

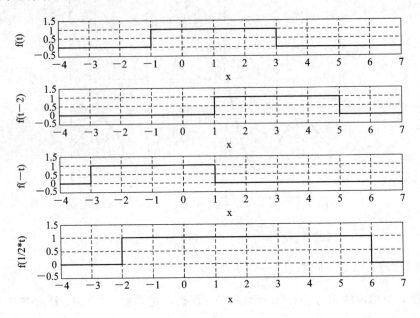

图 2.7　移位、反折、尺度变换

【**实例 2-8**】　信号的相加。已知 $f_0(t)=2$，$f_1(t)=\sin\omega_0 t$，$f_2(t)=\sin3\omega_0 t$，$f_3(t)=\sin5\omega_0 t$，$\omega_0=2\pi$，$t\in[-3, 3]$，求 $y(t)=f_0(t)+f_1(t)+f_2(t)+f_3(t)$，并画出各自的波形图。

MATLAB 程序如下：

```
clc, clear;
t=linspace(-3, 3, 1000);
w0=2 * pi;
f0=2 * ones(1, length(t));
f1=sin(w0 * t);
f2=sin(3 * w0 * t);
f3=sin(5 * w0 * t);
y=f0+f1+f2+f3;              %信号相加


%画图
subplot(5, 1, 1), plot(t, f0), axis([-3, 3, 0, 3])；grid on；ylabel('f0')；
subplot(5, 1, 2), plot(t, f1), axis([-3, 3, -1, 2])；grid on；ylabel('f1')；
subplot(5, 1, 3), plot(t, f2), axis([-3, 3, -1, 2])；grid on；ylabel('f2')；
subplot(5, 1, 4), plot(t, f3), axis([-3, 3, -1, 2])；grid on；ylabel('f3')；
subplot(5, 1, 5), plot(t, y, 'r');      %'r'指定图形线条颜色为红色
grid on；axis([-3, 3, -1, 5])；ylabel('y')；
```

程序的运行结果如图 2.8 所示。

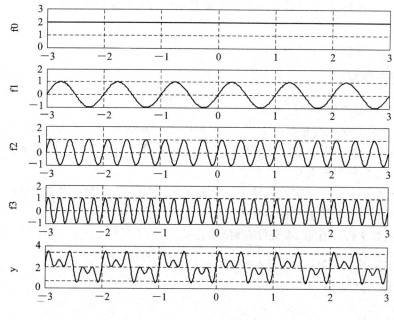

图 2.8　信号相加

四、基本实验内容

1. 用 MATLAB 编程产生一个正弦信号 $f(t) = K \sin(2\pi ft + \theta)$（$K = 2$，$f = 5$ Hz，$\theta = \dfrac{\pi}{3}$），并画出其波形。

2. 用 MATLAB 编程产生信号 $f(t) = \begin{cases} 1 & (-2 < t < 2) \\ 0 & (其他) \end{cases}$，并画出其波形（用至少两种方法实现）。

3. 分别画出题 2 中 $f(t)$ 移位 t_0 个单位的信号 $f(t-t_0)$（$t_0 = 3$）、反折后的信号 $f(-t)$、尺度变换后的信号 $f(at)$（$a = 3$）。

五、扩展实验内容

1. 信号波形如图 2.9 所示，编写函数文件表示该信号，并调用该函数文件画出信号的波形图。

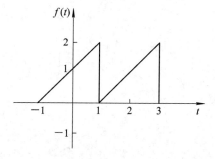

图 2.9　信号 $f(t)$ 波形

2. 对题 1 中的信号 $f(t)$ 进行以下基本运算,并画出运算后的波形。

(1) $f(1-t)$;　　　　　(2) $f(2t+2)$;

(3) $f(2-t/3)$;　　　　(4) $[f(t)+f(2-t)]U(1-t)$。

六、实验报告要求

1. 简述实验目的和实验原理。

2. 整理并给出基本实验内容 1、2、3 的程序和仿真结果图,并回答问题:当改变正弦信号的频率时,信号波形会发生什么样的改变?在相同时间范围内给出两个正弦信号的波形,如何判断它们频率的大小?

3. 如学有余力,对扩展实验内容进行编程仿真;也可以用 MATLAB 验证书上的部分课后习题。并把程序和结果写在实验报告上。

4. 阐述函数文件和普通 M 文件有何不同。

5. 写出实验心得体会。

实验三　连续时间系统的时域分析

一、实验目的

1. 加深对线性时不变系统中零状态响应概念的理解，掌握其 MATLAB 求解方法；
2. 加强对卷积运算的理解，验证卷积的一些重要性质；
3. 会求给定连续系统的单位冲击响应和阶跃响应。

二、实验原理

1. 连续信号的卷积积分

卷积是信号与系统中一个最基本、最重要的概念，卷积实际上是基于一种将复杂问题进行分解的思想。通过卷积这一运算，可以将任意信号分解为最简单的单位冲击信号的移位加权和。最后我们可以推导出，在时域中，对于 LTI 连续时间系统，其零状态响应等于输入信号与系统冲激响应的卷积；而利用卷积定理，这种关系又对应频域中的乘积。

1）卷积积分的定义

两信号 $f_1(t)$ 和 $f_2(t)$ 的卷积为

$$f_1(t) * f_2(t) = \int_{-\infty}^{+\infty} f_1(\tau) f_2(t-\tau) \mathrm{d}\tau \tag{3-1}$$

故有任意双边信号可表示为

$$f(t) = \int_{-\infty}^{+\infty} f(\tau)\delta(t-\tau)\mathrm{d}\tau = f(t) * \delta(t) \tag{3-2}$$

2）卷积积分的 MATLAB 实现过程

MATLAB 信号处理工具箱提供了一个可计算两个离散序列卷积和的函数 conv()。设向量 a、b 代表待卷积的两个序列，则 c = conv(a，b)就是 a 与 b 卷积后得到的新序列。我们用离散卷积来代替连续卷积，只要取样时间间隔足够小时，就可得到满意的效果。

实验二中提到，在 MATLAB 中描述一个信号需要两个序列：一个是描述信号值的序列，一个是描述信号值所对应的时间的序列。用函数 conv()求卷积只得到信号值的序列，没有给出信号对应的时间序列，因此，我们还需要根据卷积的长度来确定它所对应的时间序列。一般而言，卷积所得新信号的时间范围、信号长度都会发生变化。例如，设 $f_1(n)$ 的长度为 5，$-3 \leqslant n \leqslant 1$；$f_2(n)$ 的长度为 7，$2 \leqslant n \leqslant 8$；则卷积后得到的新序列长度为 11，$-1 \leqslant n \leqslant 9$。

对于连续卷积，

$$f(t) = f_1(t) * f_2(t) = \int_{-\infty}^{+\infty} f_1(\tau) \cdot f_2(t-\tau)\mathrm{d}\tau = \lim_{\Delta \to 0} \sum_{k=-\infty}^{+\infty} f_1(k\Delta) \cdot f_2(t-k\Delta) \cdot \Delta$$

令 $t=n\Delta$(n 为整数),则

$$f(n\Delta) = \sum_{k=-\infty}^{+\infty} f_1(k\Delta) \cdot f_2(n\Delta - k\Delta) \cdot \Delta = \Delta \sum_{k=-\infty}^{+\infty} f_1(k\Delta) \cdot f_2[(n-k)\Delta] \qquad (3-3)$$

由式(3-3)可知,连续卷积积分可由离散卷积和近似代替,只要取样时间间隔 Δ 足够小,就可以得到高精度卷积积分的数值计算。

综上所述,我们在 MATLAB 中求解两个连续信号 $f_1(t)$ 与 $f_2(t)$ 卷积的过程如下:

(1) 将连续信号 $f_1(t)$ 与 $f_2(t)$ 以时间间隔 Δ 进行取样,得到离散序列 $f_1(k\Delta)$ 与 $f_2(k\Delta)$;

(2) 构造与 $f_1(k\Delta)$ 和 $f_2(k\Delta)$ 相对应的时间向量 k_1 和 k_2(注意,此时时间序号向量 k_1 和 k_2 的元素不再是整数,而是取样时间间隔 Δ 的整数倍的时间间隔点);

(3) 调用 conv()函数计算卷积积分 $f(t)$ 的近似向量 $f(n\Delta)$;

(4) 构造 $f(n\Delta)$ 对应的时间向量 k。

根据以上步骤,我们可以写出求连续信号卷积的函数程序 sconv(),如程序示例 1 所示。该程序是以 function 开头的程序,表明它是一个函数 M 文件,之前我们已经介绍过,函数文件只能被其他 M 文件调用,自己本身不能运行,否则会出错。

3) 卷积积分的性质

卷积积分作为一种运算,也满足数学运算中的交换律、结合律和分配律:

交换律:$x(n) * h(n) = h(n) * x(n)$

结合律:$[x(n) * h_1(n)] * h_2(n) = x(n) * [h_1(n) * h_2(n)]$

分配律:$x(n) * [h_1(n) + h_2(n)] = x(n) * h_1(n) + x(n) * h_2(n)$

本实验要求验证卷积积分的结合律和分配律。

要验证结合律,我们要将其中两个信号先进行卷积,再与第三个信号相卷积。将写好的程序保存,编译运行,最后把得到的信号保存下来。将刚刚用过的三个信号调换位置,重复上面的操作。将程序保存,编译运行,就可以看到所得信号与上面保存的信号是一样的。这说明卷积满足结合律。

要验证分配律,我们先把两个信号相加,然后与第三个信号相卷积。程序写好后,保存并编译运行。再把这两个信号分别与第三个信号进行卷积,然后再把两个信号叠加。保存程序,编译运行。观察比较前后两个程序的输出。若输出一致,则说明卷积满足分配律。

建议:将实验中的程序保存,而且把输出波形都以图片.jpg 的格式保存下来,我们可以方便地比较实验的结果(如在验证卷积特性时,等式左右两边的波形图应该是一样的),在实验报告中也会用到。

2. 零状态响应、单位冲击响应、单位阶跃响应

1) 基本概念

由于电路系统中存在电感、电容等储能元件,因此系统在开始工作时会有一个初始状态,这样会导致在输入信号为零的情况下系统也会有一个输出信号,该输出信号称为系统的零输入响应。

如果不考虑系统的初始状态,即认为系统的输入信号为零时,系统的输出也为零。只有当系统有输入信号后,系统才会产生输出信号,该输出信号称为系统的零状态响应。

当输入信号为单位冲击信号时,系统的零状态响应称为单位冲击响应。在时域中,对

于 LTI 连续时间系统，其零状态响应等于输入信号与系统冲激响应的卷积，即 $f(t)$ 作用下系统的零状态响应为

$$y_f(t) = f(t) * h(t) = \int_{-\infty}^{+\infty} f(\tau)h(t-\tau)\mathrm{d}\tau \tag{3-4}$$

于是，系统的零状态响应可以很容易由卷积积分求得。

当输入信号为单位阶跃信号时，系统的零状态响应成为单位阶跃响应。

2）MATLAB 求解

一个 LTI 连续系统可以用一个常系数线性微分方程来描述，设系统方程为

$$a_3 y^{(3)}(t) + a_2 y^{(2)}(t) + a_1 y^{(1)}(t) + a_0 y(t) = b_3 f^{(3)}(t) + b_2 f^{(2)}(t) + b_1 f^{(1)}(t) + b_0 f(t)$$

求该系统的单位冲击响应，MATLAB 提供了一个库函数 impulse()，它的调用形式分别为 sys＝tf(b，a)，h＝impulse(sys，t)。其中，tf 函数中的参数 b 和 a 分别为 LTI 系统微分方程右端和左端各项系数向量，b＝[b_3，b_2，b_1，b_0]，a＝[a_3，a_2，a_1，a_0]；t 为求得的单位冲击响应 h 对应的时间序列。

若要求该系统在输入信号 $f(t)$ 下的零状态响应，可以通过调用 MATLAB 的库函数 lsim()。调用格式如下：

　　　　sys＝tf(b，a)

　　　　y ＝ lsim(sys，f，t)

lism()函数中的 f 为输入信号对应的信号值序列，t 为 y 对应的时间序列。

也可以将该输入信号与系统的单位冲击响应做卷积求得。

系统单位阶跃响应的求解也可以通过调用 MATLAB 的库函数 step 来实现，调用格式如下：

　　　　sys＝tf(b，a)

　　　　g ＝ lsim(sys，t)

其中，t 为 g 对应的时间序列。

求单位阶跃响应也可以用单位阶跃信号与系统的单位冲击响应做卷积求得。

三、程序示例

【实例 3-1】　连续卷积的 MATLAB 近似求解。

```
function [y，k]＝sconv(f1，f2，k1，k2，T)
y＝conv(f1，f2)；                 %计算需要序列 f1 与 f2 的卷积 y
y＝y * T；                        %将卷积 y 进行采样，见式(3-3)
k_start＝k1(1)＋k2(1)；          %计算卷积 y 的时间起点位置
k_end＝length(f1)＋length(f2)−2； %计算卷积 y 的长度
k＝k_start：T：(k_start＋k_end * T)； %确定卷积 y 的时间序列
```

注意：这是一个以 function 开头的程序，表明它是一个函数 M 文件。之前我们已经介绍过，函数文件只能被其他 M 文件调用，自己本身不能运行，否则会出错。函数文件的保存名必须和 function 后面紧跟的命令表示符一致，即下面程序的保存名必须为 sconv. m，系统一般会默认为该保存名。调用该函数最后得到的结果为卷积信号的值序列 y 和时间序列 k。

【实例 3-2】　给定两个连续信号 $f_1(t) = \begin{cases} 2 & (0<t<4) \\ 0 & (其他) \end{cases}$，$f_2(t) = \begin{cases} 1 & (0<t<2) \\ 0 & (其他) \end{cases}$，调

用 sconv()函数求 $f_1(t) * f_2(t)$，并画出对应的信号波形。

MATLAB 的源程序如下：

```
clc，clear；
T=0.001；
k1=-1:T:5；
f1=2*((k1>0)-(k1>4))；              %f1(t)的 MATLAB 描述
k2=-1:T:3；
f2=(k2>0)-(k2>2)；                  %f2(t)信号的描述
[y，k]=sconv(f1，f2，k1，k2，T)；

%画图程序
subplot(3，1，1)
plot(k1，f1)；
axis([-1，5，0，2.2])               %f1 的显示范围
title('f1')；
subplot(3，1，2)
plot(k2，f2)；
axis([-1，3，0，1.2])               %f2 的显示范围
title('f2')；
subplot(3，1，3)
plot(k，y)；
title('y=f1*f2')；
axis([min(k)，max(k)，min(y)，max(y)+0.2])        %y 的显示范围
```

程序的运行结果如图 3.1 所示。

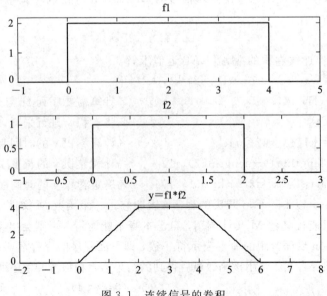

图 3.1　连续信号的卷积

【实例 3-3】 已知系统的微分方程为

$$y''(t)+3y'(t)+2y(t)=f'(t)+3f(t)$$

求该系统的单位冲击响应并画图,并与理论求得的结果进行比较。

MATLAB 的源程序如下:

```
clear, clc;
t=0:0.01:5;
b=[1, 3];
a=[1, 3, 2];
sys=tf(b, a);
y=impulse(sys, t);                %impulse 调用格式参见实验原理
subplot(2, 1, 1)
plot(t, y)
title('MATLAB 求得解')
y1=2 * exp(-t)-exp(-2 * t);
subplot(2, 1, 2)
plot(t, y1);
title('理论解')
```

程序的运行结果如图 3.2 所示。

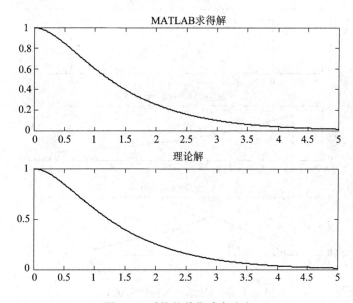

图 3.2　系统的单位冲击响应

【实例 3-4】 已知某系统的单位冲激响应为 $h(t)=0.8^t * [u(t)-u(t-8)]$,试用 MATLAB 求当激励信号为 $x(t)=u(t)-u(t-4)$ 时,系统的零状态响应,并画出波形。

MATLAB 的源程序如下:

```
clc, clear;
T=0.001;
t1=-1:T:5;
```

```
xt=(t1>=0)-(t1>=4);
t2=-1:T:9;
ht=(0.8.^t2).*((t2>=0)&(t2<=8));        %x(t),h(t)的向量表示
[y,k]=sconv(xt,ht,t1,t2,T);             %计算 y(t)= x(t) * h(t)


subplot(3,1,1)
plot(t1,xt)
axis([min(t1),max(t1),min(xt),max(xt)+0.2]);
title('x(t)=u(t)-u(t-4)');
subplot(3,1,2)
plot(t2,ht)
axis([min(t2),max(t2),min(ht),max(ht)+0.2])
title('h(t)=0.8^t*(u(t)-u(t-8))')
subplot(3,1,3)
plot(k,y)
title('y(t)=x(t) * h(t)')
```

程序的运行结果如图 3.3 所示。

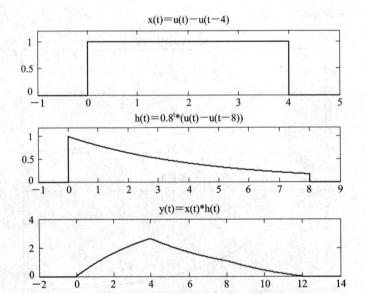

图 3.3　用卷积求解系统的零状态响应

四、基本实验内容

1. 已知 $f_1(t)=\begin{cases}1 & (-1<t<1) \\ 0 & (其他)\end{cases}$，$f_2(t)=\begin{cases}2 & (-1<t<1) \\ 0 & (其他)\end{cases}$，求 $y(t)=f_1(t) * f_2(t)$，并画出 $f_1(t)$、$f_2(t)$ 和 $y(t)$ 的波形。

2. 已知系统的微分方程为 $y''(t)+6y'(t)+9y(t)=f(t)$，求该系统的单位冲击响应并画出相应的波形图。

3. 已知系统的微分方程为 $y''(t)+5y'(t)+6y(t)=3f(t)$，当外加激励信号为 $f(t)=e^{-t}[U(t)-U(t-10)]$ 时，求系统的零状态响应并画出相关的信号波形图。

五、扩展实验内容

1. 已知 $f_1(t)$ 和 $f_2(t)$ 如图 3.4 所示，求 $f_1(t) * f_2(t)$，并画出对应波形。

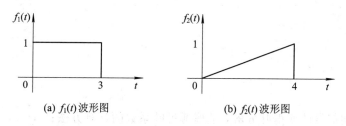

(a) $f_1(t)$ 波形图　　　　　　　(b) $f_2(t)$ 波形图

图 3.4　信号 $f_1(t)$ 和 $f_2(t)$ 的波形图

2. 已知 $f_3(t)=\begin{cases} 2 & (-1<t<1) \\ 0 & (\text{其他}) \end{cases}$，将 $f_1(t) * f_2(t)$ 的结果与 $f_3(t)$ 再进行卷积，验证卷积的结合律。

3. 利用上述 $f_1(t)$、$f_2(t)$ 和 $f_3(t)$ 验证卷积的分配率。

六、实验报告要求

1. 简述实验目的和实验原理。

2. 整理并给出基本实验内容 1、2、3 的程序和仿真结果图，并回答下面问题：

(1) 当进行卷积的两个矩形信号宽度相等时，卷积结果是什么形状；当进行卷积的两个矩形信号宽度不相等时，卷积结果是什么形状？

(2) 将 MATLAB 求出的单位冲击响应与理论计算值进行比较，结果是否一致？

(3) 如果可以，对第 3 题用两种方法进行 MATLAB 求解，并比较结果是否一致。

3. 如学有余力，对扩展实验内容进行编程仿真。

4. 写出实验心得体会。

实验四 连续时间系统的频域分析

一、实验目的

1. 理解周期信号的傅里叶分解，掌握傅里叶系数的计算方法；
2. 深刻理解和掌握非周期信号的傅里叶变换及其计算方法；
3. 熟悉傅里叶变换的性质，并能应用其性质实现信号的幅度调制；
4. 理解连续时间系统的频域分析原理和方法，掌握连续系统的频率响应求解方法，并画出相应的幅频、相频响应曲线。

二、实验原理

理论课上我们已经学习过，复指数信号经过 LTI 系统后还是相同形式的复指数信号，因此，如果我们可以将任意信号分解成复指数信号的线性组合，那么就可以很容易求出它经过 LTI 系统后产生的输出信号。又根据欧拉公式，复指数函数实际上可以由正弦函数组合而成，因此，从数学上的傅里叶级数公式入手，最后可以推导出将满足条件的普通信号分解成复指数信号的工具，这就是我们所学习的傅里叶变换。将信号进行傅里叶变换后再进行分析，我们称为信号与系统的频域分析法。

1. 周期信号的傅里叶分解

设有连续时间周期信号 $f(t)$，它的周期为 T，角频率 $\omega = 2\pi f = 2\pi/T$，且满足狄里赫利条件，则该周期信号可以展开成傅里叶级数，即可表示为一系列不同频率的正弦或复指数信号之和。

傅里叶级数有三角形式和指数形式两种。

1）三角形式的傅里叶级数

三角形式的傅里叶级数的形式如下：

$$f(t) = \frac{a_0}{2} + a_1 \cos(\omega t) + a_2 \cos(2\omega t) + \cdots + b_1 \sin(\omega t) + b_2 \sin(2\omega t) + \cdots$$

$$= \frac{a_0}{2} + \sum_{n=1}^{+\infty} a_n \cos(n\omega t) + \sum_{n=0}^{+\infty} b_n \sin(n\omega t)$$

$$(4-1)$$

式中，系数 a_n、b_n 称为傅里叶系数，可由下式求得：

$$a_n = \frac{2}{T} \int_{-\frac{T}{2}}^{\frac{T}{2}} f(t) \cos(n\omega t) \mathrm{d}t$$

$$b_n = \frac{2}{T}\int_{-\frac{T}{2}}^{\frac{T}{2}} f(t)\sin(n\omega t)\,\mathrm{d}t \tag{4-2}$$

2）指数形式的傅里叶级数

指数形式的傅里叶级数的形式如下：

$$f(t) = \sum_{n=-\infty}^{+\infty} F_n \mathrm{e}^{jn\omega t} \tag{4-3}$$

式中，系数 F_n 称为傅里叶复系数，可由下式求得：

$$F_n = \frac{1}{T}\int_{-\frac{T}{2}}^{\frac{T}{2}} f(t)\mathrm{e}^{-jn\omega t}\,\mathrm{d}t \tag{4-4}$$

周期信号的傅里叶分解用 MATLAB 进行计算，本质上是对信号进行数值积分运算。MATLAB 中进行数值积分运算的函数有 quad() 函数和 int() 函数。其中，int 函数主要用于符号运算，而 quad() 函数（包括 quad8()、quadl()）可以直接对信号进行积分运算。因此，利用 MATLAB 进行周期信号的傅里叶分解可以直接对信号进行运算，也可以采用符号运算方法。quadl() 函数（quad() 系）的调用形式为 y=quadl('func', a, b) 或 y=quadl(@myfun, a, b)。其中，func 是一个字符串，表示被积函数的 .m 文件名（函数名）；a、b 分别表示定积分的下限和上限。第二种调用方式中，"@"符号表示取函数的句柄，myfun 表示所定义的函数的文件名。

2. 周期信号的频谱

周期信号经过傅里叶级数分解可表示为一系列正弦或复指数信号之和。为了直观地表示信号所含各分量的振幅，现以频率（或角频率）为横坐标、以各谐波的振幅或虚指数函数的幅度为纵坐标，画出幅度—频率关系图，称为幅度频谱或幅度谱。类似地，可画出各谐波初相角与频率的关系图，称为相位频谱或相位谱。

在计算出信号的傅里叶分解系数后，就可以直接求出周期信号的频谱并画出其频谱图。

3. 非周期信号的傅里叶变换和性质

非周期信号的傅里叶变换定义为

$$F(\mathrm{j}\omega) = \int_{-\infty}^{+\infty} f(t)\mathrm{e}^{-\mathrm{j}\omega t}\,\mathrm{d}\omega \tag{4-5}$$

$$f(t) = \frac{1}{2\pi}\int_{-\infty}^{+\infty} F(\mathrm{j}\omega)\mathrm{e}^{\mathrm{j}\omega t}\,\mathrm{d}\omega \tag{4-6}$$

式中，$F(\mathrm{j}\omega)$ 称为频谱密度函数，一般是复函数，需要用幅度谱和相位谱两个图形才能将它完全表示出来。

MATLAB 中提供了直接求解信号的傅里叶变换和逆变换的函数 fourier() 和 ifourier()。这两个函数采用符号运算方法，在调用之前要用 syms 命令对所用到的变量进行说明，返回的同样是符号表达式。具体调用格式见程序示例。

傅里叶变换具有很多性质，如线性、奇偶性、对称性、尺度变换、时移特性、频移特性、卷积定理、时域微分和积分、频域微分和积分、能量谱和功率谱等。其中，频移特性在各类电子系统中应用广泛，如调幅、同步解调等都是在频谱搬移的基础上实现的。实现频谱搬移的原理如图 4.1 所示。

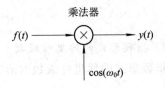

图 4.1　频谱搬移原理图

将信号 $f(t)$（常称为调制信号）乘以载频信号 $\cos(\omega_0 t)$ 或 $\sin(\omega_0 t)$，即可得到高频已调信号 $y(t)$。显然，若信号 $f(t)$ 的频谱为 $F(j\omega)$，则根据傅里叶变换的频移性质，高频已调信号的频谱函数为

$$y(t) = f(t)\cos(\omega_0 t) \leftrightarrow \frac{1}{2}F[j(\omega+\omega_0)] + \frac{1}{2}F[j(\omega-\omega_0)] \tag{4-7}$$

$$y(t) = f(t)\sin(\omega_0 t) \leftrightarrow \frac{1}{2}jF[j(\omega+\omega_0)] - \frac{1}{2}jF[j(\omega-\omega_0)] \tag{4-8}$$

可见，当用某低频信号 $f(t)$ 去调制角频率为 ω_0 的余弦（或正弦）信号时，已调信号的频谱是包络线 $f(t)$ 的频谱 $F(j\omega)$ 的一半，分别向左和向右搬移 ω_0。在搬移中，幅度谱的形式并未发生改变。MATLAB 中提供了专门用于实现信号调制的函数 modulate()，其调用形式为 y＝modulate(x, Fc, Fs, 'method')。其中，x 为被调信号，Fc 为载波频率，Fs 为信号 x 的采样频率，method 为所采用的调制方式。实现信号的调制也可以利用 MATLAB 直接求解被调信号的傅里叶变换。

4. 连续系统的频域分析和频率响应

设线性时不变(LTI)系统的冲击响应为 $h(t)$，该系统的输入(激励)信号为 $f(t)$，则此系统的零状态输出(响应) $y(t)$ 可以写成卷积的形式，即 $y(t)＝h(t)*f(t)$。设 $f(t)$、$h(t)$ 和 $y(t)$ 的傅里叶变换分别为 $F(j\omega)$、$H(j\omega)$ 和 $Y(j\omega)$，则它们之间存在关系：$Y(j\omega)＝F(j\omega) \cdot H(j\omega)$，反映了系统的输入和输出在频域上的关系。这种利用频域函数分析系统问题的方法常称为系统的频域分析法。

函数 $H(j\omega)$ 反映了系统的频域特性，称为系统的频率响应函数(有时也称为系统函数)，可定义为系统响应(零状态响应)的傅里叶变换与激励的傅里叶变换之比，即

$$H(j\omega) = \frac{Y(j\omega)}{F(j\omega)} \tag{4-9}$$

它是频率(角频率)的复函数，可写为

$$H(j\omega) = |H(j\omega)| e^{j\varphi(\omega)} \tag{4-10}$$

其中，

$$|H(j\omega)| = \left|\frac{Y(j\omega)}{F(j\omega)}\right|, \quad \varphi(\omega) = \theta_y(\omega) - \theta_f(\omega)$$

由以上可见，$|H(j\omega)|$ 是角频率为 ω 的输出与输入信号幅度之比，称为幅频特性(或幅频响应)；$\varphi(\omega)$ 是输出与输入信号的相位差，称为相频特性(或相频响应)。

MATLAB 工具箱中提供的 freqs() 函数可直接计算系统的频率响应，其调用形式为 H＝freqs(b, a, w)。其中，b 为系统频率响应函数有理多项式中分子多项式的系数向量，或者说是系统微分方程式右边激励的系数；a 为分母多项式的系数向量，或微分方程左式的系数；w 为需计算的系统频率响应的频率抽样点向量。

三、程序示例

【实例 4 - 1】 给定一个周期为 4、脉冲宽度为 2、幅值为 0.5 的矩形信号，用

MATLAB 计算其傅里叶级数，并绘出幅度谱和相位谱；然后将求得的系数代入公式

$$f(t) = \sum_{n=-N}^{N} F_N e^{jnw_0 t},$$ 求出 $f(t)$ 的近似值，画出 $N=10$ 时的合成波形。

　　MATLAB 的源程序如下：

```
clc, clear;
T=4;                              %信号周期
width=2;                          %一个周期内矩形的宽度
A=0.5;                            %周期矩形信号的幅度
t1=-T/2:0.001:T/2;               %一个周期内自变量的取值向量
ft1=0.5*[abs(t1)<width/2];       %一个周期内信号的值向量
t2=[t1-2*T t1-T t1 t1+T t1+2*T]; %一个周期的自变量向量左右各复制两次
ft=repmat(ft1,1,5);              %一个周期的信号值向量左右各复制两次，
                                 %共组成5个周期的周期矩形信号

subplot(4,1,1);                  %画原始信号时域波形图
plot(t2,ft);
axis([-8,8,0,0.8])
xlabel('t');
ylabel('时域波形');
grid on;

w0=2*pi/T;                       %基波频率
N=10;
K=0:N;
for k=0:N                        %傅里叶系数的计算

    factor=['exp(-j*t*', num2str(w0), '*', num2str(k), ')'];
    f_t=[num2str(A), '*rectpuls(t,2)'];
    Fn(k+1)=quad([f_t, '.*', factor], -T/2, T/2)/T;
end

subplot(4,1,2);                  %画幅度谱
stem(K*w0, abs(Fn));
xlabel('nw0');
ylabel('幅度谱');
grid on;

ph=angle(Fn);                    %画相位谱
subplot(4,1,3);
```

```
stem(K * w0, ph);
xlabel('nw0');
ylabel('相位谱');
grid on;

t=-2 * T:0.01:2 * T;          %利用傅里叶级数合成时域信号
K=[0:N]';
ft=Fn * exp(j * w0 * K * t);
subplot(4, 1, 4);             %画合成的信号波形
plot(t, ft);
ylabel('合成波形');
grid on;
```

程序的运行结果如图 4.2 所示。

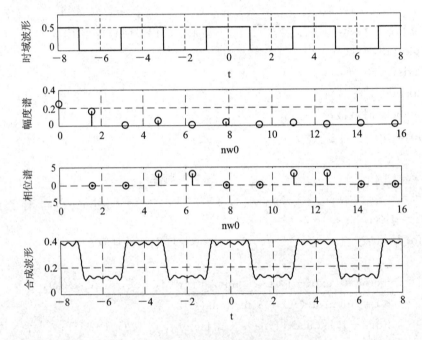

图 4.2　[实例 4-1]图

【实例 4-2】　求单边指数函数 $f(t)=e^{-2t}u(t)$ 的傅里叶变换,画出其幅频特性和相频特性图。

此时可直接使用 MATLAB 提供的函数 fourier(),该函数是符号运算函数,因此,在调用 fourier() 和 ifourier() 之前,需用 syms 命令对所用到的变量(如 t, u, v, w)作说明。程序如下:

```
clc, clear;
syms t w f;
f=exp(-2 * t) * sym('Heaviside(t)');
F=fourier(f)
```

subplot(2, 1, 1); ezplot(f, [0:2, 0:1.2]);

subplot(2, 1, 2); ezplot(abs(F), [-10:10]);　　%命令 abs()对于复数是取模值，
　　　　　　　　　　　　　　　　　　　　　　　%对于实数是取绝对值

title('幅度谱')

程序的运行结果如图 4.3 所示。

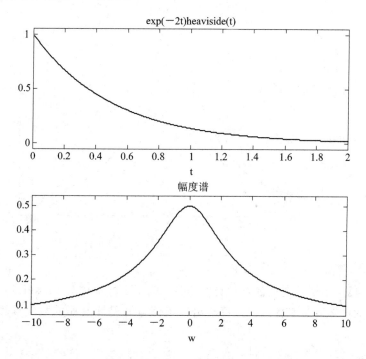

图 4.3　【实例 4-2】图

【实例 4-3】　求 $F(\mathrm{j}\omega)=\dfrac{1}{1+\omega^2}$ 的傅里叶逆变换 $f(t)$。

MATLAB 的程序如下：

clc, clear;

syms t w ;

F=1/(1+w^2);

f=ifourier(F, w, t)　　　%求傅里叶逆变换，程序最后没有加分号，可以在命令
　　　　　　　　　　　　%窗口中查看逆变换以后的表达式

ezplot(f)

程序的运行结果如图 4.4 所示。

注意：使用 fourier()和 ifourier()得到的返回函数仍然是符号表达式。若需对返回函数作图，则应使用 ezplot()绘图命令，而不使用 plot()命令。如果返回函数中有诸如狄拉克函数(冲击函数)$\delta(\omega)$等项，则即使用 ezplot()也无法作图。用 fourier()对某些信号求变换时，其返回函数可能会包含一些不能直接表达的式子，甚至可能会出现一些屏幕提示"未被定义的函数或变量"的项，更不用说对此返回函数作图了，这是 fourier()的一个局限。另一个局限是在很多场合，原信号 $f(t)$尽管是连续的，但却不可能表示成符号表达式，而更多的

实际测量现场获得信号是多组离散的数值量 $f(n)$，此时也不可能应用 fourier() 对 $f(n)$ 进行处理，只能用下面介绍的数值计算方法求解。

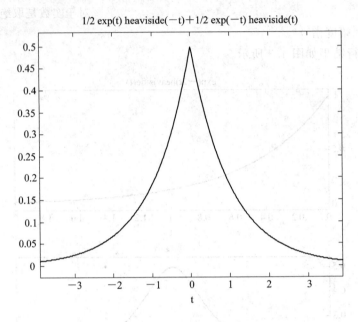

图 4.4 【实例 4 - 3】图

【实例 4 - 4】 傅里叶变换的数值计算方法。为了更好地体会 MATLAB 的数值计算功能，特别是强大的矩阵运算能力，这里给出连续信号傅里叶变换的数值计算方法。方法的理论依据为

$$F(j\omega) = \int_{-\infty}^{+\infty} f(t) e^{-j\omega t} dt = \lim_{\tau \to 0} \sum_{n=-\infty}^{+\infty} f(n\tau) e^{-j\omega n\tau} \tau \qquad (4-11)$$

对于一大类信号，当取 τ 足够小时，上式的近似情况可以满足实际需要。若信号 $f(t)$ 是时限的，或当 $|t|$ 大于某个给定值时，$f(t)$ 的值已经衰减得很厉害，可以近似地看成时限信号，则式(4-11)中的 n 取值就是有限的，设为 N，有

$$F(k) = \tau \sum_{n=-\infty}^{N-1} f(n\tau) e^{-j\omega_k n\tau} \qquad (0 \leqslant k \leqslant N-1) \qquad (4-12)$$

上式是对式(4-11)中的频率 ω 进行取样，通常，

$$\omega_k = \frac{2\pi}{N\tau} k \qquad (4-13)$$

采用 MATLAB 实现式(4-12)时，其要点是要正确生成 $f(t)$ 的 N 个样本值 $f(n\tau)$ 的向量 f 及向量 $e^{-j\omega_k n\tau}$，两向量的内积(即两矩阵相乘)的结果即完成式(4-12)的计算。

此外，还要注意取样间隔 τ 的确定，其依据是 τ 需小于奈奎斯特取样间隔。对于某个信号 $f(t)$，如果它不是严格的带限信号，则可根据实际计算的精度要求来确定一个适当的频率 ω_0 为信号的带宽。

下例为用数值方法计算矩形信号 $f(t) = \begin{cases} 1 & (|t|<1) \\ 0 & (其他) \end{cases}$ 的傅里叶变换，并验证傅里叶变换的时频展缩特性。

MATLAB 的源程序如下：

```
clc, clear;
R=0.01;
t=-2:R:2;
f=u(t+1)-u(t-1);                %f 函数
w1=2*pi*5;
N=1000;
k=-N:N;
w=k*w1/N;                       %采样点为 N，w 为频率正半轴采样点
F=f*exp(-j*t'*w)*R;             %求 F(jw)，为向量内积相乘
F=real(F);                      %取结果的实部

subplot(2, 2, 1); plot(t, f); xlabel('t'); ylabel('f(t)');
    grid on; axis([-2, 2, 0, 1.2]);
subplot(2, 2, 3); plot(w, F); xlabel('w'); ylabel('F(jw)');
    grid on; axis([-40, 40, -0.5, 2]);

%尺度变换
sf=u(2*t+1)-u(2*t-1);          %f(t)缩小为原来的 1/2
w1=40; N=1000;
k=-N:N;
w=k*w1/N;                       %采样点为 N，w 为频率正半轴采样点
SF=sf*exp(-j*t'*w)*R;          %求 F(jw)，为向量内积相乘
SF=real(SF);                    %取结果的实部

subplot(2, 2, 2); plot(t, sf); xlabel('t'); ylabel('sf(t)');
    grid on; axis([-2, 2, 0, 1.2]);
subplot(2, 2, 4); plot(w, SF); xlabel('w'); ylabel('SF(jw)');
    grid on; axis([-40, 40, -0.5, 2]);
```

程序的运行结果如图 4.5 所示。

【实例 4-5】 用【实例 4-4】中信号 $f(t)=\begin{cases} 1 & (|t|<1) \\ 0 & (其他) \end{cases}$ 与正弦信号 $\cos10\pi t$ 进行相乘，观察信号的频谱搬移（调制）。

MATLAB 的源程序如下：

```
clc, clear;
R=0.01;
t=-2:R:2;
f=u(t+1)-u(t-1);                %f 函数
w1=40;
```

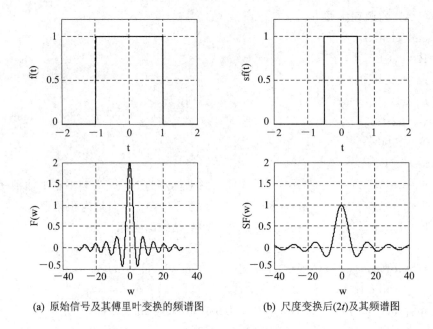

(a) 原始信号及其傅里叶变换的频谱图　　(b) 尺度变换后(2t)及其频谱图

图 4.5 【实例 4-4】图

N＝1000;

k＝－N:N;

w＝k＊w1/N;

mf＝f. ＊cos(10＊pi＊t);　　　　　　%mf 为已调制信号

subplot(4,1,1); plot(t, f); ylabel('f(t)'); grid on;

subplot(4,1,2); plot(t, cos(10＊pi＊t)); ylabel('cos(10＊pi＊t)'); grid on;

subplot(4,1,3); plot(t, mf); ylabel('已调信号'); grid on;

MF＝mf＊exp(－j＊t'＊w)＊R; MF＝real(MF); %已调信号的傅里叶变换

subplot(4, 1, 4); plot(w, MF); xlabel('w'); ylabel('MF(jw)'); grid on;

程序的运行结果如图 4.6 所示。

从图 4.6 中可以看出，信号调制后其频谱分别向左和右搬移了±10π，而其幅度谱的形状并未改变。

【实例 4-6】 求下列微分方程所描述系统的频率响应 $H(j\omega)$，并画出其幅频、相频响应曲线：

$$y''(t)+5y'(t)+6y(t)=f'(t)+4f(t)$$

求 LTI 系统的频率响应，可以直接调用 MATLAB 的函数 freqs()，其调用形式有四种：

(1) H＝freqs(b, a, w1:dw:w2)。

该调用方式可求得指定频率范围(w1～w2)内相应频点处系统频率响应的样值。其中，w1、w2 分别为频率起始值和终止值，dw 为频率取样间隔。

(2) [H, w]＝freqs(b, a)。

该调用方式将计算默认频率范围内 200 个频点上系统频率响应的样值，并赋值给返回

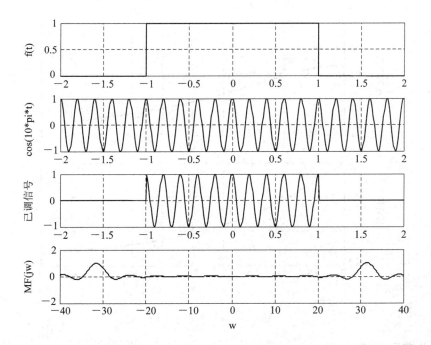

图 4.6　信号调制及其频谱图

向量 H，200 个频点则记录在向量 w 中。

（3）H＝freqs（b，a，w）。

该调用方式将计算默认 w 表示的频率范围内 n 个频点上系统频率响应的样值，并赋值给返回向量 H，n 为 w 中取样值的个数。

（4）freqs（b，a）。

该调用方式将绘出系统的幅频特性和相频特性曲线。其中，b 为系统频率响应函数有理多项式中分子多项式的系数向量，或者说系统微分方程式右边激励的系数；a 为分母多项式的系数向量，或微分方程左边响应的系数。

我们采用第三种调用格式，分别画出频率响应的幅度响应和相位响应，MATLAB 的源程序如下：

```
clc, clear;
b＝[1 4]; a＝[1 5 6];
w＝linspace(0, 5, 200);
H＝freqs(b, a, w);
figure(1);
subplot(2, 1, 1); plot(w, abs(H)); xlabel('w'); ylabel('幅频特性'); grid on;
subplot(2, 1, 2); plot(w, angle(H)); xlabel('w'); ylabel('相频特性'); grid on;
```

程序的运行结果如图 4.7 所示（幅频特性和相频特性）。

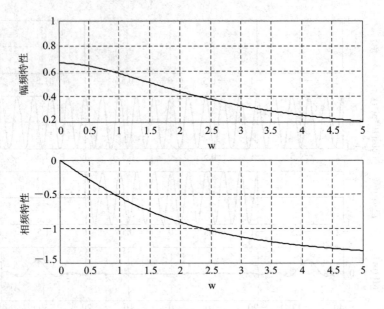

图 4.7　系统的频率响应

四、基本实验内容

1. 求下列信号的傅里叶变换表达式并画图。

(1) $f_1(t)=U(t)-U(t-1)$；　　(2) $f_2(t)=\mathrm{e}^{-2|t|}$。

2. 求 $\mathscr{F}(\mathrm{j}\omega)=2\mathrm{Sa}(\omega)$ 的傅里叶逆变换式并画图。

3. 求下列微分方程所描述系统的频率响应，并分别画出幅频、相频响应曲线：

$$y''(t)+3y'(t)+2y(t)=f'(t)$$

五、扩展实验内容

1. 以程序示例 1 中的周期性矩形脉冲为基础，改变周期 T 和脉冲宽度 τ 的取值，并观察周期与频谱、脉冲宽度与频谱的关系。

2. 改变程序示例 1 中合成原始波形时的 N 值，看 N 值的大小对合成波形与原始波形相似度的影响。

3. 求下列信号的傅里叶变换式。

(1) $U\left(\dfrac{t}{2}-1\right)$；　　(2) $U(t)-U(t-1)$。

4. 已知某 RLC 二阶低通滤波器，该电路的频率响应为

$$H(\mathrm{j}\omega)=\frac{1}{0.08(\mathrm{j}\omega)^2+0.4(\mathrm{j}\omega)+1}$$

试用 freqs()命令画出该频率响应的幅度特性和相位特性。

六、实验报告要求

1. 简述实验目的和实验原理。

2. 整理基本实验内容 1、2 的程序，打印运行结果的图形并写出图像的表达式，与理

论值进行比较。

3. 整理基本实验内容 3 的程序，打印出运行结果的图形；试回答该系统是一个什么系统。

4. 运行程序示例 4，改变矩形信号的宽度，观察在时域内信号的宽度与频谱宽度的关系；思考当矩形信号宽度趋于 0 时，其频谱图形将如何变化。

5. 如学有余力，完成扩展实验内容并对结果进行分析。

6. 总结实验心得体会。

实验五　连续时间系统的复频域分析

一、实验目的

1. 深刻理解和掌握拉普拉斯变换的运算方法及其性质；
2. 熟练掌握利用部分分式展开的方法求解拉普拉斯逆变换，并能利用 MATLAB 实现；
3. 理解复频域系统函数 $H(s)$ 的意义，并能熟练画出其频谱；
4. 掌握利用复频域系统函数 $H(s)$ 的零、极点分布对连续时间系统进行复频域分析的原理和方法。

二、实验原理

1. 拉普拉斯变换

拉普拉斯变换可以看做是傅里叶变换的扩展，也是分析连续时间信号的有效手段。信号 $f(t)$ 的拉普拉斯变换的定义为

$$F(s) = \int_{-\infty}^{+\infty} f(t) e^{-st} dt \qquad (5-1)$$

其中，$s = \sigma + j\omega$，若以 σ 为横坐标(实轴)，$j\omega$ 为纵坐标(虚轴)，复变量 s 就构成了一个复平面，称为 s 平面。

MATLAB 提供了计算符号函数正、反拉氏变换的函数，即 laplace()和 ilaplace()，其调用形式如下：

　　F＝laplace(f)

　　f＝ilaplace(F)

上两式右端的 f 和 F 为时间函数和拉氏变换的数学表示式。与傅里叶变换的命令 fourier 一样，在调用函数 laplace()之前，通常还需要使用函数 sym()或 syms()定义符号变量，如 s＝sym(str)或 syms x y t 等，其中，str 是字符串。

2. 部分分式展开法求拉普拉斯逆变换

如果 $F(s)$ 是 s 的实系数有理真分式，则可写为

$$F(s) = \frac{B(s)}{A(s)} = \frac{b_m + b_{m-1}s^{m-1} + \cdots + b_1 s + b_0}{s^n + a_{n-1}s^{n-1} + \cdots + a_1 s + a_0} \qquad (5-2)$$

式中，分母多项式 $A(s)$ 称为系统的特征多项式，方程 $A(s)=0$ 称为特征方程，它的根称为特征根。为将 $F(s)$ 展开为部分分式，要先求出特征方程的 n 个特征根，这些特征根称为 $F(s)$ 极点。根据 $F(s)$ 的极点或特征根的分布情况，可以将 $F(s)$ 展开成不同的部分分式。

利用 MATLAB 中的 residue()函数可以方便地求出 $F(s)$ 的部分分式展开式，其调用形式为

[r, p, k]＝residue(num, den)

其中，num(numerator)、den(denominator)分别为 $F(s)$ 分子多项式和分母多项式的系数向量。如果多项式中有缺项的，需要补零，最高项取分子分母最高项中的最大值。运行该命令返回的结果中，r 为所得部分分式展开式的系数向量，p 为极点，k 为分式的常数项。

3. 连续系统复频域分析

拉普拉斯变换可以将连续系统从时域转化到复频域进行分析，将描述系统的时域微积分方程变换为复频域的代数方程，便于运算和求解。在复频域中，描述系统的代数方程一般可表示为

$$Y(s) = Y_x(s) + Y_f(s) = \frac{M(s)}{A(s)} + \frac{B(s)}{A(s)}F(s) \tag{5-3}$$

即系统响应在复频域中也可以分解成零输入响应和零状态响应。

4. 系统函数与频率响应函数

系统零状态响应的象函数 $Y_f(s)$ 与激励的象函数 $F(s)$ 之比称为系统函数，即

$$H(s) = \frac{Y_f(s)}{F(s)} = \frac{B(s)}{A(s)} \tag{5-4}$$

系统函数只与描述系统的微分方程系数有关，即只与系统的结构、元件参数有关，而与外界因素（激励、初始状态等）无关。系统函数为复频域中的函数，因此也存在着相频特性和幅频特性。而在系统分析时，经常采用的是系统的频率响应 $H(j\omega)$。系统函数与频率响应之间存在一定的关系。对于连续系统，如果其系统函数的极点均在左半开平面，那么它在虚轴上也收敛，从而得到系统的频率响应函数为

$$H(j\omega) = H(s)\big|_{s=j\omega} \tag{5-5}$$

如果已经知道系统的零极点分布，则可以通过几何矢量法求出系统的频率响应函数，画出系统的幅频特性曲线和相频特性曲线。

如果要用 MATLAB 来求解系统的频率响应特性曲线，那么也可以用 impulse()函数求出系统的冲激响应，然后再利用 freqs()函数直接计算系统的频率响应。它们的调用形式分别为 sys＝tf(b, a)、y＝impulse(sys, t)。其中，tf 函数中的 b 和 a 参数分别为 LTI 系统微分方程右端和左端各项系数向量，分别对应着系统函数的分子和分母多项式的系数；impulse()函数直接求解系统冲激响应。freqs()函数直接计算系统的频率响应，其调用形式为 H＝freqs(b, a, w)。其中，b 为频率响应函数分子多项式系数向量；a 为分母多项式系数向量，它们也分别对应着系统函数相应的系数向量；w 为需要计算的频率抽样点向量。值得注意的是，采用这种方法的前提条件是系统函数的极点全部在复平面的左半开平面，因此必须先对系统函数的零极点进行分析和判断，只有满足了条件才可以如此求解。

5. 系统函数的零极点与系统的稳定性

系统函数 $H(s)$ 通常是一个有理分式，其分子和分母均为多项式。分母多项式的根对应其极点，而分子多项式的根对应其零点。若连续系统系统函数的零极点已知，系统函数便可确定下来，即系统函数的零、极点分布完全决定了系统的特性。

根据系统函数的零极点分布来分析连续系统的稳定性是零极点分析的重要应用之一。在复频域中，连续系统的充要条件是系统函数的所有极点均位于复平面的左半平面内。因此，只要考察系统函数的极点分布，就可判断系统的稳定性。

在 MATLAB 中，求解系统函数的零极点实际上是求解多项式的根，可调用 roots()函数来求出系统函数的零极点，其一般调用格式为

    p＝roots(a)

其中，a 为多项式的系数向量。

如果要进一步画出 $H(s)$ 的零极点图，则可以用函数 pzmap()实现，其一般调用格式为

    pzmap(sys)

其中，sys 是系统的模型，可借助 tf()函数获得，其调用格式为

    sys＝tf(b, a)

共中，b、a 分别为 $H(s)$ 分子、分母多项式系数向量。

三、程序示例

【实例 5 - 1】 用 laplace 和 ilaplace 求：

(1) $f(t)=e^{-2t}\cos(at)U(t)$ 的拉普拉斯变换；

(2) $F(s)=\dfrac{1}{(s+1)(s+2)}$ 的拉普拉斯逆变换。

MATLAB 的源程序如下：

(1)

```
clc, clear;
syms a t;
F＝laplace(exp(−2 * t) * cos(a * t))
```

程序运行结果如下：

    F ＝(s+2)/((s+2)^2+a^2)

(2)

```
clc, clear;
syms s;
F=1/[(s+1) * (s+2)];
f＝ilaplace(F);
```

程序的运行结果如下：

    f ＝exp(−t)−exp(−2 * t)

【实例 5 - 2】 求函数 $F(s)=\dfrac{s}{(s+2)(s+4)}$ 的部分分式展开，并根据展开式写出拉普拉斯逆变换。

MATLAB 的源程序如下：

```
clc, clear;
num = [1 0];
den = [1 6 8];
```

　　　　[r，p，k] = residue(num，den)；

程序的运行结果如下：

　　　　r＝2　　－1

　　　　p＝－4　　－2

　　　　k＝0

由运行结果可知，$F(s)$ 有两个极点，分别是 $p=-4$ 和 $p=-2$，所对应的系数向量分别是 $r=2$ 和 $r=-1$，因此可得 $F(s)$ 的展开式为

$$F(s)=\frac{2}{s+4}+\frac{-1}{s+2}$$

再由基本的拉普拉斯变换可知，$F(s)$ 的拉普拉斯逆变换为

$$f(t)=(2\mathrm{e}^{-4t}-\mathrm{e}^{-2t})U(t)$$

【实例 5－3】　求函数 $F(s)=\dfrac{1}{s(s-1)^2}$ 的部分分式展开，并根据展开式写出拉氏逆变换。

　　$F(s)$ 的分母不是多项式，可以利用 conv() 函数将现在的因子相乘的形式转换为多项式的形式，然后再调用 residue() 函数。

　　解　　MATLAB 的源程序如下：

　　　　clc，clear；

　　　　num = [1]；

　　　　a＝conv([1 －1]，[1 －1])；

　　　　den = conv([1 0]，a)；

　　　　[r，p，k] = residue(num，den)；

程序运行结果如下：

　　　　r＝－1　　　1　　　1

　　　　p＝1　　　1　　　0

　　　　k＝0

由运行结果可知，$F(s)$ 有 1 个单极点 $p=0$ 和一个重极点 $p=1$，所对应的系数向量分别是 $r=1、-1、1$，因此，可以得到 $F(s)$ 的展开式为

$$F(s)=\frac{-1}{s-1}+\frac{1}{(s-1)^2}+\frac{1}{s}$$

再由基本的拉普拉斯变换可知，$F(s)$ 的拉普拉斯逆变换为

$$f(t)=(-\mathrm{e}^{-t}+t\mathrm{e}^{-t}+1)u(t)$$

【实例 5－4】　求函数 $F(s)=\dfrac{s^2-4}{(s^2+4)^2}$ 的拉普拉斯逆变换。

　　解　　同样，$F(s)$ 的分母不是多项式，可以利用 conv() 函数将现在的因子相乘的形式转换为多项式的形式，然后再调用 residue() 函数。

　　MATLAB 的源程序如下：

　　　　clc，clear；

　　　　num = [1 0 －4]；　　　　%分子多项式中缺 s 的一次方项，因此中间补零

　　　　den = conv([1 0 4]，[1 0 4])；%分母多项式中缺 s 的一次方项，因此中间补零

$[r, p, k] = $ residue(num, den);

程序的运行结果如下:

    r=$-0.0000-0.0000$i $0.5000+0.0000$i $-0.0000+0.0000$i

      $0.5000-0.0000$i

    p=$-0.0000+2.0000$i $-0.0000+2.0000$i $-0.0000-2.0000$i

      $-0.0000-2.0000$i

    k=0

由运行结果可知,$F(s)$ 有两个重极点 $p=\pm2$j,所对应的系数向量分别是 $r=0$、0.5、0、0.5,因此可得 $F(s)$ 的展开式为

$$F(s) = \frac{0}{s-2\mathrm{j}} + \frac{0.5}{(s-2\mathrm{j})^2} + \frac{0}{s+2\mathrm{j}} + \frac{0.5}{(s+2\mathrm{j})^2} = \frac{0.5}{(s-2\mathrm{j})^2} + \frac{0.5}{(s+2\mathrm{j})^2}$$

再由基本的拉普拉斯变换可知,$F(s)$ 的拉氏逆变换为 $f(t) = t\cos2tu(t)$。

【实例 5 - 5】 已知系统函数为 $H(s) = \dfrac{s-1}{s^2+2s+2}$,画出该系统的零极点分布图。

用 MATLAB 命令 roots() 可以求出多项式的根,分子多项式的根即为零点,分母多项式的根即为极点。也可以用求零极点的命令 pzmap() 直接求出零极点图。以下是用两种方法画零极点图的源程序:

```
clc, clear;
num=[1 -1]; den=[1 2 2];              %缺最高项可以不补零
zs=roots(num);                        %方法一,求分子多项式的根即为零点
ps=roots(den);                        %求分母多项式的根即为极点
figure(1);
plot(real(zs), imag(zs), 'o', real(ps), imag(ps), 'kx', 'markersize', 12);
                                      %画零极点图
axis([-2 2 -2 2]);
grid on;
sys=tf(num, den);                     %方法二,直接调用 pzmap() 画零极点图
figure(2);
pzmap(sys);
axis([-2 2 -2 2]);
```

程序的运行结果如图 5.1 所示。

从以上运行结果可以看出,两种方法所画出的零极点图是一致的。系统的极点都在 s 平面的左半平面,因此该系统是稳定的。

【实例 5 - 6】 已知系统函数为 $H(s) = \dfrac{1}{s^3+2s^2+2s+1}$,利用 MATLAB 画出该系统的零极点分布图,分析系统的稳定性,并求出该系统的单位冲激响应和幅频响应。

解 MATLAB 的源程序如下:

```
clc, clear;
num=[1]; den=[1 2 2 1];
sys=tf(num, den);
```

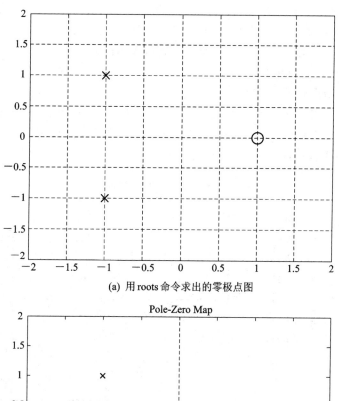

(a) 用 roots 命令求出的零极点图

(b) 用 pzmap 命令画出的零极点图

图 5.1　系统零极点分布图

poles＝roots(den)；　　　　%求极点
figure(1)；pzmap(sys)；　　　%画零极点图

t＝0：0.02：10；
h＝impulse(num，den，t)；　%求单位冲击响应

figure(2)；plot(t，h)；xlabel('t(s)')；ylabel('h(t)')；
title('Impulse Response')；　　%画单位冲击响应的波形图

[H，w]＝freqs(num，den)；%求频率响应

figure(3)；plot(w，abs(H))；%画幅频响应

xlabel('\omega(rad/s)')；ylabel('|H(j\omega)|')；

title('Magenitude Response')；

程序的运行结果如下：

poles ＝－1.0000　　　－0.5000＋0.8660i　　　－0.5000－0.8660i

即该系统函数的极点都位于 s 平面的左半平面，因此该系统是稳定的。其极点分布图、单位冲激响应和幅频响应分别如图 5.2～5.4 所示。

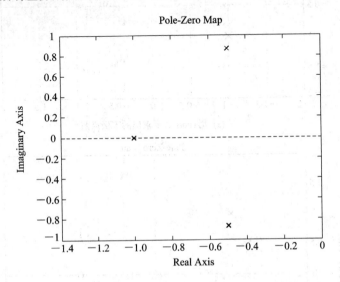

图 5.2　系统极点分布图

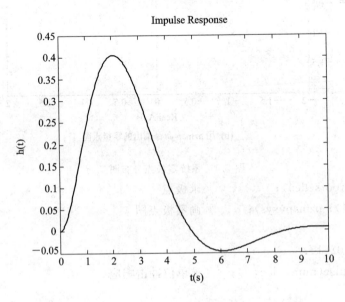

图 5.3　系统的单位冲激响应

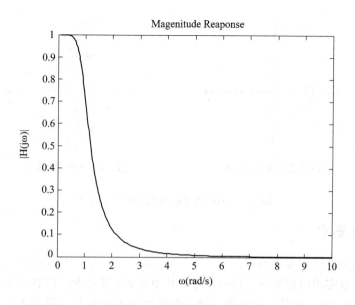

图 5.4　系统的幅频响应

四、基本实验内容

1. 求下列信号的拉普拉斯变换。

(1) $2\delta(t)-3e^{-7t}U(t)$；　　　　　(2) $e^{-t}U(t)-e^{-(t-2)}U(t-2)$；

(3) $(1-e^{-t})U(t)$；　　　　　　　(4) $U(t)-2U(t-1)+U(t-2)$。

2. 用 ilaplace 命令求下列表达式的拉普拉斯逆变换。

(1) $\dfrac{s^3+s^2+1}{(s+1)(s+2)}$；　　　　(2) $\dfrac{1-e^{-4s}}{5s^2}$；

(3) $\dfrac{s}{(s+2)(s+4)}$；　　　　　(4) $\dfrac{s+5}{s(s^2+2s+5)}$。

3. 求题 2 中各式的部分分式展开，并根据展开式写出拉普拉斯逆变换，与 ilaplace 求出的结果进行比较。

4. 已知系统函数 $H(s)=\dfrac{4s}{s^2+2s+2}$，求系统的零极点图，并根据零极点图判断系统是否稳定。

五、扩展实验内容

1. 已知系统的系统函数为 $H(s)=\dfrac{s+4}{s(s^2+3s+2)}$，求出系统的冲激响应 $h(t)$ 和系统的幅频响应 $|H(j\omega)|$。

2. 已知连续系统的零极点分布图如图 5.5(a)、(b)所示，试用 MATLAB 分析系统的冲激响应特性和幅频响应特性。

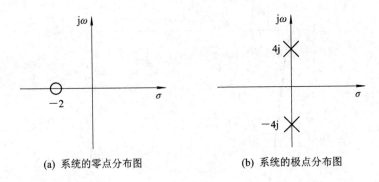

(a) 系统的零点分布图　　　　(b) 系统的极点分布图

图 5.5　连续系统的零点与极点分布图

六、实验报告要求

1. 简述实验目的和实验原理。

2. 完成基本实验内容整理对应的程序,并加以必要的注释。内容 1 要求写出程序运行结果并计算出理论值,比较二者是否一致;内容 2、3 要求比较结果是否一致;内容 4 要求打印图形并粘贴在实验报告上,判断系统是否稳定。

3. 如学有余力,完成扩展实验内容。

4. 总结实验心得体会。

实验六　离散时间信号与系统的时域分析

一、实验目的

1. 学习使用 MATLAB 产生基本的离散信号，绘制信号波形；
2. 实现信号的基本运算，为信号分析和系统设计奠定基础；
3. 加深对线性时不变离散系统中零状态响应概念的理解，掌握其求解方法；
4. 深刻理解卷积和运算，掌握离散序列求卷积和的计算方法；
5. 掌握求给定离散系统的单位脉冲响应和单位阶跃序列响应的方法。

二、实验原理

1. 离散时间信号的分析

1）基本序列的产生

MATLAB 提供了许多用于产生常用的基本离散信号函数，如单位脉冲序列、单位阶跃序列、指数序列、正弦序列和离散周期矩形波序列等，这些基本序列是信号处理的基础。

（1）单位脉冲序列的产生。单位脉冲序列的定义为

$$\delta(n) = \begin{cases} 0 & (n \neq 0) \\ 1 & (n = 0) \end{cases} \tag{6-1}$$

产生单位脉冲序列的 MATLAB 程序如下：

```
clear;
n=-5:5;
y=(n==0);
stem(n,y);
```

仿真波形见图 6.1。

此外，函数 zeros(1，n) 也可以生成单位脉冲序列。函数 zeros(1，n)产生 1 行 n 列的由 0 组成的矩阵。

（2）单位阶跃序列的产生。单位阶跃序列的定义为

$$U(n) = \begin{cases} 1 & (n \geqslant 0) \\ 0 & (n < 0) \end{cases} \tag{6-2}$$

产生单位脉冲序列的 MATLAB 程序如下：

```
clear;
n=-5:5;
y=(n>=0);
stem(n,y);
```

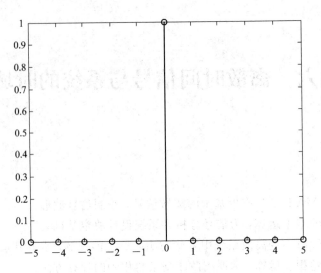

图 6.1　单位脉冲序列

仿真波形见图 6.2。此外，函数 ones(1，n) 可以生成单位阶跃序列。函数 ones(1，n) 产生 1 行 n 列的由 1 组成的矩阵。

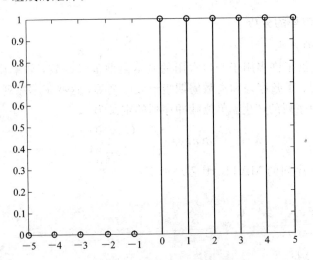

图 6.2　单位阶跃序列

（3）指数序列的产生。产生离散序列的 MATLAB 程序如下：

```
n = −5:15;
x = 0.3 * (1/2).^n;
stem(n, x);
```

仿真波形见图 6.3。

（4）正弦序列的产生。产生正弦序列的 MATLAB 程序如下：

```
n=−10:10;
omega=pi/3;
x = 0.5 * sin(omega * n+ pi/5);
stem(n, x);
```

仿真波形见图 6.4。

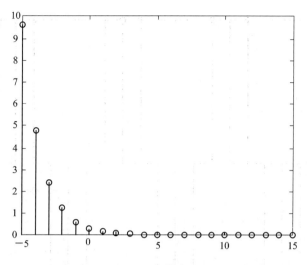

图 6.3 指数序列

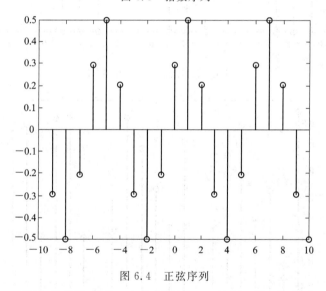

图 6.4 正弦序列

（5）离散周期矩形波序列的产生。产生幅度为 1、基频 rad、占空比为 50％的周期方波的 MATLAB 的程序如下：

omega＝pi/4；k＝－10:10；x ＝ square(omega ∗ k，50)；stem(k，x)；

仿真波形见图 6.5。

（6）白噪声序列的产生。白噪声序列在信号处理中是常用的序列。函数 rand() 可产生在 [0，1] 区间均匀分布的白噪声序列，函数 randn() 可产生均值为 0，方差为 1 的高斯分布白噪声。

程序如下：

N＝20；

k＝0:N－1；

x＝rand (1，N)；stem(k，x)；

仿真波形见图 6.6。

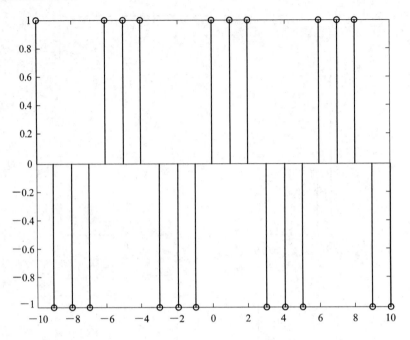

图 6.5　离散周期矩形波序列

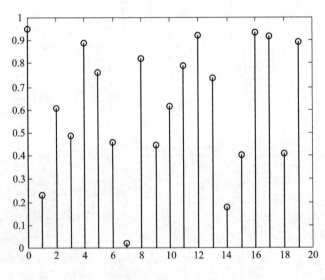

图 6.6　白噪声序列

2) 序列的基本运算

序列的运算包括加减、相乘、移位、反褶、标乘、累加、差分运算等。

(1) 加减、相乘运算。两序列相加减(或相乘),即将两序列对应的样点值相加减(或相乘)即可。

(2) 移位。离散序列的移位可看做是将离散序列的时间序号向量平移,而表示对应时间序号点的序列样值不变,当序列向左移动 k_0 个单位时,所有时间序号向量都减小 k_0 个单位,反之则增加 k_0 个单位。

（3）反褶。离散序列的反褶，即是将表示离散序列的两向量以零时刻的取值为基准点，以纵轴为对称轴反折。向量的反折可用 MATLAB 中的 fliplr() 函数来实现。

2. 离散时间系统的时域分析

1）线性时不变（LTI）离散时间系统的描述

线性时不变(LTI)离散时间系统用常系数线性差分方程进行描述：

$$\sum_{i=0}^{n} a_i y(n-i) = \sum_{j=0}^{m} b_j f(n-j) \tag{6-3}$$

其中，$f(n)$ 和 $y(n)$ 分别表示系统的输入和输出，$N = \max(n, m)$ 是差分方程的阶数。

在已知差分方程的初始状态以及输入的条件下，可以通过编程由下式迭代算出系统的输出：

$$y(n) = -\sum_{i=1}^{n} \left(\frac{a_i}{a_0}\right) y(n-i) + \sum_{j=0}^{m} \left(\frac{b_j}{a_0}\right) f(n-j) \tag{6-4}$$

系统的零状态响应就是在系统初始状态为零的条件下微分方程的解。在零初始状态下，MATLAB 控制系统工具箱提供了一个 filter() 函数，可以计算差分方程描述的系统的响应，其调用形式为

y＝filter(b, a, f)

其中，a＝[a_0, a_1, a_2, ⋯, a_n]、b＝[b_0, b_1, b_2, ⋯, b_m]分别是系统差分方程左、右端的系数向量，f 表示输入向量，y 表示输出向量。注意，输出序列的长度与输入序列的长度相同。

2）冲激响应、阶跃响应

离散系统的冲激响应、阶跃响应分别是输入信号为 $\delta(n)$ 和 $u(n)$ 所对应的零状态响应。MATLAB 控制系统工具箱专门提供了两个函数求解离散系统的冲激响应和阶跃响应。

冲激响应：h＝impz(b, a, N)，其中，h 表示系统的单位序列响应，a＝[a_0, a_1, a_2, ⋯, a_n]和 b＝[b_0, b_1, b_2, ..., b_m]分别是系统差分方程左、右端的系数向量，N 表示输出序列的时间范围。

阶跃响应：g＝stepz(b, a, N)，其中，g 表示系统的单位阶跃序列响应，b 和 a 的含义与上相同，N 表示输出序列的长度。

3）卷积和

卷积是信号与系统中一个最基本、最重要的概念。在时域中，对于 LTI 连续时间系统，其零状态响应等于输入信号与系统冲激响应的卷积积分；对于 LTI 离散时间系统，其零状态响应等于输入信号(序列)与系统冲激响应(单位样值响应)的卷积和。而利用卷积定理，这种关系又对应频域中的乘积。

任何离散信号可表示为

$$f(n) = \sum_{m=-\infty}^{+\infty} f(m)\delta(n-m) \tag{6-5}$$

推导过程：

因

$$\delta(n) \rightarrow h(n)$$

所以

$$\delta(n-m) \rightarrow h(n-m)$$

$$f(m)\delta(n-m) \rightarrow f(m)h(n-m)$$

$$\sum_{m=-\infty}^{+\infty} f(m)\delta(n-m) \rightarrow \sum_{m=-\infty}^{+\infty} f(m)h(n-m)$$

即

$$f(n) \rightarrow y_f(n) = \sum_{m=-\infty}^{+\infty} f(m)h(n-m)$$

记为

$$f(n) * h(n) = \sum_{m=-\infty}^{+\infty} f(m)h(n-m)$$

所以,任意两个序列的卷积和定义为

$$f_1(n) * f_2(n) = \sum_{m=-\infty}^{+\infty} f_1(m)f_2(n-m) \tag{6-6}$$

若 $f_1(n)$ 和 $f_2(n)$ 均为因果序列,则卷积后仍为因果序列,即

$$f_1(n) * f_2(n) = \Big[\sum_{m=0}^{n} f_1(m)f_2(n-m)\Big]U(n) \tag{6-7}$$

MATLAB 信号处理工具箱提供了一个计算两个离散序列卷积和的函数 conv。设向量 a、b 代表待卷积的两个序列,则 c=conv(a, b)就是 a 与 b 卷积后得到的新序列。

一般而言,我们知道了两个序列卷积以后,所得新序列的时间范围、序列长度都会发生变化。例如,设 $f_1(n)$ 长度为 5($-3 \leqslant n \leqslant 1$);$f_2(n)$ 长度为 7($2 \leqslant n \leqslant 8$),则卷积后得到的新序列长度为 5+7-1=11,且有在 $-1 \leqslant n \leqslant 9$ 时,新序列的值不为零。

三、程序示例

【实例 6-1】 已知 $x_1(n) = [1, 1, 1, 0, 1]_{-3}$,$x_2(n) = [2, 2, 2, 2]_{-1}$。求 $x(n) = x_1(n) + x_2(n)$,$x(n) = x_1(n) \times x_2(n)$,并画图。

解　MATLAB 的源程序如下:

```
%sequence added
clear;
x1=[1 1 1 0 1];
n1=-3:1;
x2=[2 2 2 2];
n2=-1:2;
n=-3:2;
x1=[x1 zeros(1, length(n)-length(n1))];
x2=[zeros(1, length(n)-length(n2)) x2];
x=x1+x2;
y=x1. * x2;
subplot(2, 1, 1);
stem(n, x);
xlabel('n');
ylabel('y(n)=x1(n)+x2(n)');
```

```
subplot(2，1，2);
stem(n，y);
xlabel('n');
ylabel('y(n)＝x1(n)＊x2(n)');
```

程序的运行结果如图 6.7 所示。

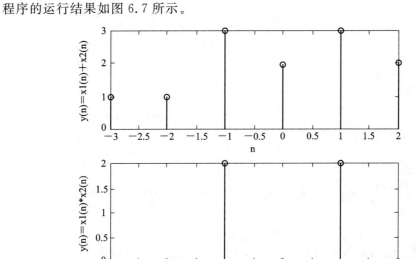

图 6.7 相加和相乘

【实例 6-2】 已知 $x_1(n)=[1，1，1，0，1]_{-3}$，求 $x_1(n+k_0)$ 和 $x_1(n-k_0)$（其中 $k_0=1$），并画图。

解 MATLAB 的源程序如下：

```
%shift
clear;
x1＝[1 1 1 0 1];
n1＝－3:1;
n＝n1－1;
m＝n1＋1;
x＝x1;
subplot(3，1，1);            %画出原序列
stem(n1，x1);
ylabel('x1(n)');
subplot(3，1，2);            %画出左移序列
stem(n，x);
%scatter(n，x);
ylabel('x1(n+1)');
subplot(3，1，3);            %画出右移序列
stem(m，x);
ylabel('x1(n-1)');
```

程序的运行结果如图 6.8 所示。

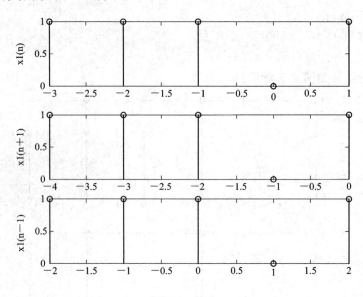

图 6.8　移位

【实例 6 - 3】　已知 $x_1(n)=[1, 1, 1, 0, 1]_{-3}$，求 $x_1(-n)$ 并画图。

解　MATLAB 的源程序如下：

```
clear;
x1=[1 1 1 0 1];
n1=-3:1;
n=-fliplr(n1);
x=fliplr(x1);
subplot(2, 1, 1);
stem(n1, x1);
ylabel('x(n)');
subplot(2, 1, 2);
stem(n, x);
ylabel('x(-n)');
```

程序的运行结果如图 6.9 所示。

【实例 6 - 4】　已知系统差分方程为 $y(n)-0.9y(n-1)=f(n)$，$f(n)=\cos\left(\dfrac{\pi}{3}n\right)U(n)$，求系统的零状态响应并绘图表示。

解　MATLAB 的源程序如下：

```
b=1;
a=[1 -0.9];
n=0:30;
f=cos(pi*n/3);
y=filter(b, a, f);
stem(n, y);
```

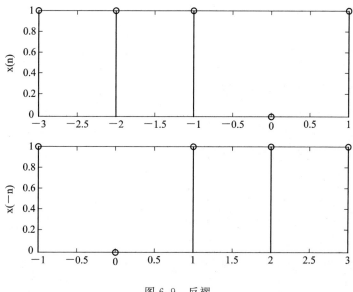

图 6.9　反褶

程序的运行结果如图 6.10 所示。

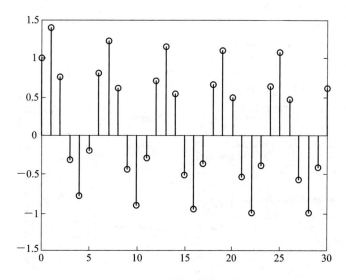

图 6.10　系统的零状态响应

【实例 6-5】　利用函数 impz() 和 stepz() 求离散系统 $y(n)+3y(n-1)+2y(n-2)=f(n)$ 的单位序列响应 $h[k]$ 和单位阶跃响应 $g[k]$，并与其理论值比较。

解　MATLAB 的源程序如下：

```
%计算单位响应和阶跃响应示例；
n=0:10；
a=[1 3 2]；
b=[1]；
h=impz(b,a,n)；
g=stepz(b,a,length(n))；
```

```
figure;
subplot(2，2，1)
stem(n，h)；
grid on;
title('单位序列响应的近似值');
subplot(2，2，3)
stem(n，g)；
title('单位阶跃响应的近似值');
grid on;
hn=−(−1).^n+2*(−2).^n;
gn=1/6−(−1).^n/2+4*(−2).^n/3;
subplot(2，2，2)
stem(n，hn)；
grid on;
title('单位序列响应的理论值');
subplot(2，2，4)
stem(n，gn)；
title('单位阶跃响应的理论值');
grid on;
```

程序的运行结果如图 6.11 所示。

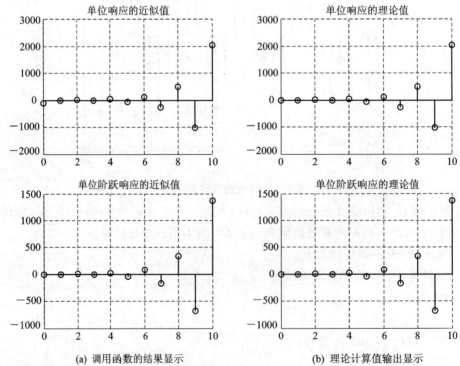

(a) 调用函数的结果显示　　　　　(b) 理论计算值输出显示

图 6.11　单位响应和阶跃响应

【实例 6-6】 已知序列 $x(n)=\{1,2,3,4,5;n=-1,0,1,2,3\}$, $h(n)=\{1,1,1,$ $1,1;n=0,1,2,3,4\}$, 利用 conv() 函数计算两个序列卷积后的新序列并显示结果。

解　MATLAB 的源程序如下：

```
%利用函数 conv(a,b)计算两序列的卷积和;
n1=-1:3;
x=[1 2 3 4 5];
n2=0:4;
h=[1 1 1 1 1];
figure(1);
subplot(1,2,1)
stem(n1,x);
grid on;
xlabel('输入序列 x(n)');
subplot(1,2,2)
stem(n2,h);
grid on;
xlabel('单位序列响应 h[k]');
y=conv(x,h);
n=n1(1)+n2(1):n1(length(n1))+n2(length(n2));
figure;
stem(n,y);
grid on;
xlabel('输出响应 y(n)');
```

程序的运行结果如图 6.12 所示。

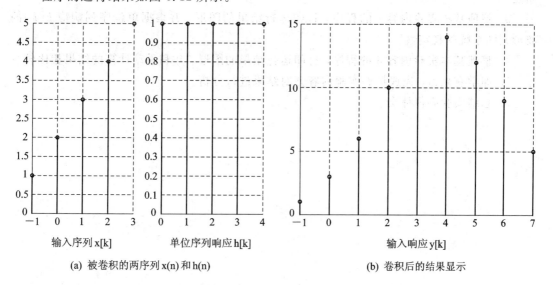

　　(a) 被卷积的两序列 x(n) 和 h(n)　　　　　　(b) 卷积后的结果显示

图 6.12　序列的卷积

四、基本实验内容

1. 已知系统的差分方程为 $y(n)+1.2y(n-1)-0.3y(n-2)=f(n)+2f(n-1)$，$f(n)=2\sin(\pi/6n)U(n)$，求系统的零状态响应并绘图表示。

2. 利用函数 impz() 和 stepz() 求下列离散系统的单位序列响应 $h[k]$ 和单位阶跃响应 $g[k]$，$y(n)+1.2y(n-1)-0.3y(n-2)=f(n)+2f(n-1)$。

3. 已知序列 $x(n)=\{1,1,1,2,2,3,3;n=-1,0,1,2,3,4,5\}$，$h(n)=\{1,2,3,4,5;n=-1,0,1,2,3\}$，利用 conv() 函数计算两个序列相卷积后的新序列并显示结果。

五、扩展实验内容

1. 已知系统的差分方程为 $y(n)-0.7y(n-1)+0.1y(n-2)=7f(n)-2f(n-1)$，输入为 $f(n)=(0.4)^n u(n)$。计算系统的零状态响应 $y(n)$、单位序列响应 $h(n)$ 和阶跃响应 $g(n)$，并画出相应的图形(选取 $n=0:10$)。

2. 已知系统的单位序列响应为 $h[k]=u(n)-u(n-5)$，输入信号为 $f(n)=(0.5)^n \cdot (u(n)-u(n-5))$。利用 MATLAB 计算：

(1) $y_1(n)=h(n)\times f(n)$；

(2) $y_2(n)=h(n)\times f(n-2)$。

画出 $h(n)$、$f(n)$、$y_1(n)$ 和 $y_2(n)$ 的波形。

六、实验报告要求

1. 简述实验目的和实验原理。

2. 整理基本实验内容1的程序，打印运行结果的图形并记录和分析实验过程中出现的问题。

3. 整理基本实验内容2的程序，打印运行结果的图形，并根据单位序列响应 $h[k]$ 的波形判断系统的稳定性。

4. 整理基本实验内容3的程序，打印运行结果的图形，并和手动计算的结果相比较。

5. 如学有余力，完成扩展实验内容并对结果进行分析。

6. 总结实验心得体会。

实验七　离散时间系统的 Z 域分析

一、实验目的

1. 加深理解和掌握离散序列信号求 Z 变换和逆 Z 变换的方法；
2. 加深理解和掌握离散系统的系统函数零点、极点分布与系统时域特性的关系。

二、实验原理

1. 离散信号的 Z 变换

如有序列 $f[k](k=0, \pm 1, \pm 2, \cdots)$，$z$ 为复变量，则函数

$$F(Z) = \sum_{n=-\infty}^{n=+\infty} f(n)z^{-n} \qquad (7-1)$$

称为序列 $f(n)$ 的双边 Z 变换。如果上式的求和只在 n 的非负值域进行，则称为序列的单边 Z 变换。

MATLAB 的符号数学工具箱提供了计算 Z 正变换的函数 ztrans( )和计算逆 Z 变换的函数 iztrans( )，其调用形式为

　　　　F＝ztrans(f)或 f＝iztrans(F)

上面两式中，右端的 f 和 F 分别为时域表示式和 Z 域表示式的符号表示，可利用函数 sym( )来实现，其调用形式为 S＝sym(A)。式中的 A 为待分析的表示式的字符串，S 为符号化的数字或变量。

2. 系统函数

线性时不变离散系统可用其 Z 域的系统函数 $H(Z)$ 表示，其通常具有如下有理分式的形式：

$$H(z) = \frac{b_0 + b_1 z^{-1} + b_2 z^{-2} + \cdots + b_m z^{-m}}{a_0 + a_1 z^{-1} + a_2 z^{-2} + \cdots + a_n z^{-n}} = \frac{B(z)}{A(z)} \qquad (7-2)$$

为了能从系统函数的 Z 域表示方便地得到其时域表示式，可将 $H(z)$ 展开为部分分式和的形式，再对其求逆 Z 变换。MATLAB 的信号处理工具箱提供了对 $H(z)$ 进行部分分式展开的函数 residuez( )，其调用形式；

　　　　[r, p, k]＝residuez(B, A)

式中，B 和 A 分别为 $H(z)$ 的分子多项式和分母多项式的系数向量，r 为部分分式的分子常系数向量，p 为极点向量，k 为多项式直接形式的系数向量。由此借助于 residuez( )函数可将上述有理函数 H(z)分解为

$$\frac{B(z)}{A(z)} = \frac{r(1)}{1 - p(1)z^{-1}} + \cdots + \frac{r(n)}{1 - p(n)z^{-1}} + k(1) + k(2)z^{-1} + \cdots + k(m-n+1)z^{-(m-n)}$$

$$(7-3)$$

进一步通过上面介绍的求逆 Z 变换的方法求出系统的单位序列响应。

3. 系统函数零点、极点分布与系统时域特性关系

通过系统函数的表达式，可以方便地求出系统函数的零点和极点。系统函数的零点和极点的位置对于系统的时域特性和频域特性有重要影响。位于 Z 平面的单位圆上和单位圆外的极点将使得系统不稳定。系统函数的零点将使得系统的幅频响应在该频率点附近出现极小值，而其对应的极点将使得系统的幅频响应在该频率点附近出现极大值。

在 MATLAB 中可以借助函数 tf2zp()直接得到系统函数的零点和极点的值，并通过函数 zplane()来显示其零点和极点的分布。利用 MATLAB 中的 impz()函数和 freqz()函数可以求得系统的单位序列响应和频率响应。假定系统函数 $H(z)$ 的有理分式形式为

$$H(z) = \frac{b(1)z^m + b(2)z^{m-1} + \cdots + b(m+1)}{a(1)z^n + a(2)z^{n-1} + \cdots + a(n+1)} \qquad (7-4)$$

tf2zp()函数的调用形式如下：

$$[z, p, k] = tf2zp(b, a)$$

式中，b 和 a 分别表示 H(z)中的分子多项式和分母多项式的系数向量，该函数的作用是将 H(z)转换为用零点、极点和增益常数组成的表示式，即

$$H(z) = k \frac{(z - z(1))(z - z(2))\cdots(z - z(m))}{(z - p(1))(z - p(2))\cdots(z - p(n))} \qquad (7-5)$$

zplane()函数的调用形式如下：

$$zplane(B, A)$$

式中，B 和 A 分别表示 H(z)中的分子多项式和分母多项式的系数向量，该函数的作用是在 Z 平面画出单位圆以及系统的零点和极点。

freqz()函数的调用形式如下：

$$[H, w] = freqz(B, A)$$

式中，B 和 A 分别表示 H(z)中的分子多项式和分母多项式的系数向量，H 表示频率响应矢量，w 为频率矢量。

三、程序示例

【实例 7 - 1】 已知序列 $f_1(n) = a^n u(n)$，序列 $f_2[k]$ 的 Z 域函数为 $F_2(z) = z/(z-1/2)^2$。

求：(1) 序列 $f_1(n)$ 的 Z 变换；(2) $F_2(z)$ 的逆 Z 变换。

解 MATLAB 的源程序如下：

```
%计算序列的 Z 变换和逆 Z 变换示例
f1 = sym('a^n');
F1 = ztrans(f1);
F2 = sym('z/(z-1/2)^2');
```

　　f2＝iztrans(F2)；

程序的运行结果如下

　　F1＝

　　z/a/(z/a−1)

　　f2 ＝

　　2 ＊ (1/2)^n ＊ n

由运行的结果可知：

$$F_1(z)=\frac{\dfrac{z}{a}}{\dfrac{z}{a}-1}=\frac{z}{z-a}, \quad f_2(n)=2\times\left(\frac{1}{2}\right)^n nU(n)$$

【实例 7 - 2】　已知因果系统的系统函数为 $H(z)=\dfrac{z^2}{(z-1/2)(z-1/4)}$。利用 MAT-
LAB：

（1）计算 $H(z)$ 的部分分式展开形式；

（2）求系统的单位序列响应并显示波形。

　　解　MATLAB 的源程序如下：

　　％(1) Z 域函数的部分分式展开示例程序

　　B＝[1]；

　　A＝[1 −0.75 0.125]；

　　[r, p, k]＝residuez(B, A)；

程序的运行结果如下：

　　r ＝ 2, −1

　　p ＝ 0.5000, 0.2500

　　k ＝ []

程序的运行结果说明：该系统有两个极点 p(1)＝0.5 和 p(2)＝0.25；展开的多项式分
子项系数为 2 和 −1。$H(z)$ 的部分分式的展开形式：

$$H(z)=\frac{2}{1-(1/2)z^{-1}}-\frac{1}{1-(1/4)z^{-1}}$$

　　％(2) 通过逆 Z 变换求系统单位响应示例

　　B＝[1]；

　　A＝[1 −0.75 0.125]；

　　n＝0:5；

　　F1＝sym('2/(1−z^(−1)/2)')；

　　f1＝iztrans(F1)

　　F2＝sym('−1/(1−z^(−1)/4)')；

　　f2＝iztrans(F2)

　　h＝f1＋f2

　　hn＝impz(B, A, n)；

　　figure；

stem(n, hn);

程序的运行结果如下：

h = 2. *.5000^n−1. *.2500^n

系统的单位序列响应波形见图 7.1。

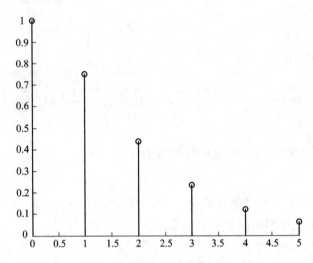

图 7.1 单位序列响应

【实例 7‑3】 已知一离散因果系统的系统函数为

$$H(z)=\frac{z^2+2z+1}{z^3-0.5z^2-0.005z+0.3}$$

利用 MATLAB，求

（1）系统函数的零点和极点，并在 Z 平面显示它们的分布；

（2）系统的单位序列响应并显示；

（3）系统的频率响应，并画出幅频响应和相频响应特性曲线。

解：MATLAB 的源程序如下：

```
%求离散系统零、极点并显示示例程序
b=[1 2 1];
a=[1 −0.5 −0.005 0.3];
[z, p, k] = tf2zp(b, a)
B=[0 1 2 1];
A=[1 −0.5 −0.005 0.3];
figure;
zplane(B, A);
```

程序运行后，求得零点和极点的值：

z = −1, −1

p = 0.5198 + 0.5346i, 0.5198 − 0.5346i, −0.5396

k = 1

画出零点和极点在 Z 平面的分布图，如图 7.2 所示。图中，圆圈表示零点的位置，旁边的数字 2 表示有一个处在该点的 2 阶零点，叉表示极点位置。

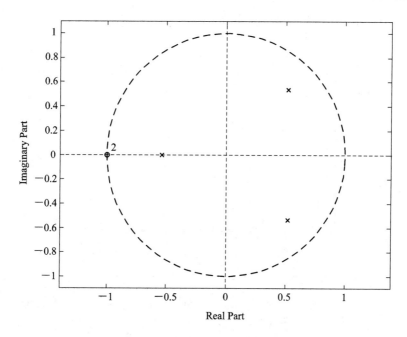

图 7.2　系统函数的零极点分布图

%求解系统单位序列响应及频率响应示例程序

```
B=[0 1 2 1];
A=[1 -0.5 -0.005 0.3];
k=0:40;
h=impz(B, A, k);
figure(1);
stem(k, h);
xlabel('k');
ylabel('h[k]');
title('Impulse response');
[H, w]=freqz(B, A);
figure(2);
subplot(2, 1, 1)
plot(w/pi, abs(H));
xlabel('ang. freq. \Omega(rad/s)');
ylabel('|H(e^j^\Omega)|');
title('Magnitude response');
subplot(2, 1, 2)
plot(w/pi, angle(H));
xlabel('ang. freq. \Omega(rad/s)');
ylabel('Angle');
title('Angle response');
```

程序运行后的结果：单位序列响应如图 7.3 所示，系统幅频响应和相频响应如图 7.4 所示。

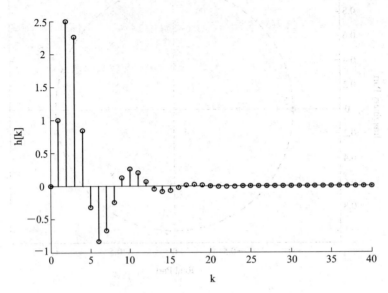

图 7.3　系统的单位序列响应

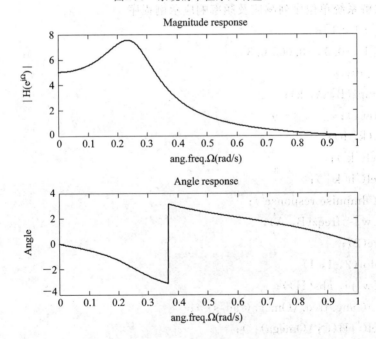

图 7.4　系统的频谱图

四、基本实验内容

1. 已知序列 $f_1(n) = 2a^n U[n]$，序列 $f_2[k]$ 的 Z 域函数为 $z/(z-1/2)/(z-2)$。

求：(1) 序列 $f_1(n)$ 的 Z 变换；(2) $F_2(z)$ 的逆 Z 变换。

2. 已知因果系统的系统函数为 $H(z) = \dfrac{z^2-2}{(z-1/2)(z-1/3)}$，利用 MATLAB，

（1）计算 $H(z)$ 的部分分式展开形式；

（2）求系统的单位序列响应并显示波形。

3. 已知一离散因果系统的系统函数为

$$H(z) = \frac{z^3 + 6z^2 - z + 1}{z^4 - 0.1z^3 - 2z^2 + 3z + 0.2}$$

利用 MATLAB，求

（1）系统函数的零点和极点，并在 Z 平面显示它们的分布；

（2）系统的单位序列响应并显示；

（3）系统的频率响应，并画出幅频响应和相频响应特性曲线。

五、扩展实验内容

已知因果离散系统的系统函数为 $H(z) = \dfrac{z^2 - 2z + 4}{z^2 - 0.5z + 0.25}$。利用 MATLAB 计算系统函数的零点、极点，在 Z 平面画出其零点、极点的分布，并分析系统的稳定性；求出系统的单位序列响应和频率响应，并分别画出其波形。

六、实验报告要求

1. 简述实验目的和实验原理。

2. 整理基本实验内容 1 的程序，打印运行结果，根据运行结果写出其数学表达式，并与理论计算结果相比较。

3. 整理基本实验内容 2 的程序，打印运行结果及相关波形，根据运行结果写出 $H(z)$ 的部分分式展开形式的数学表达式，并根据相关波形判断系统的稳定性。

4. 整理基本实验内容 3 的程序，打印运行结果的图形，并根据系统的频率响应判断系统的滤波特性。

5. 如学有余力，完成扩展实验内容并对结果进行分析；

6. 总结实验心得体会。

实验八　连续信号的采样与恢复

一、实验目的

1. 加深理解采样对信号的时域和频域特性的影响；
2. 加深对采样定理的理解和掌握，理解信号恢复的必要性；
3. 掌握对连续信号在时域的采样与重构的方法。

二、实验原理

1. 信号的采样

信号的采样原理图如图 8.1 所示，其数学模型表示为

$$f_s(t) = f(t) \times \delta_{T_s}(t) = \sum_{n=-\infty}^{+\infty} f(nT_s)\delta(t - nT_s) \qquad (8-1)$$

其中，$f(t)$ 为原始信号，$\delta_{T_s}(t)$ 为理想的开关信号(冲激采样信号)，$\delta_{T_s}(t) = \sum_{n=-\infty}^{+\infty} \delta(t - nT_s)$，$f_s(t)$ 为采样后得到的信号，称为采样信号。由此可见，采样信号在时域的表示为无穷多冲激函数的线性组合，其权值为原始信号在对应采样时刻的定义值。

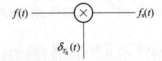

图 8.1　信号的采样原理

令原始信号 $f(t)$ 的傅里叶变换为 $\mathscr{F}(e^{j\omega}) = \mathscr{F}[f(t)]$，则采样信号 $f_s(t)$ 的傅里叶变换 $\mathscr{F}_s(e^{j\omega}) = \mathscr{F}[f_s(t)] = \frac{1}{T_s} \sum_{n=-\infty}^{+\infty} \mathscr{F}[j(\omega - \omega_s)]$。由此可见，采样信号 $f_s(t)$ 的频谱就是将原始信号 $f(t)$ 的频谱在频率轴上以 ω_s 为周期进行周期延拓后的结果(幅度为原频谱的 $1/T_s$)。如果原始信号为有限带宽的信号(即当 $|\omega| > |\omega_m|$ 时，有 $\mathscr{F}(e^{j\omega}) = 0$)，则当取样频率 $\omega_s \geqslant 2\omega_m$ 时，频谱不发生混叠，否则会出现频谱混叠。

2. 信号的重构

设信号 $f(t)$ 被采样后形成的采样信号为 $f_s(t)$，信号的重构是指由 $f_s(t)$ 经过内插处理后，恢复出原来的信号 $f(t)$ 的过程。因此又称为信号恢复。

由前面的介绍可知，在采样频率 $\omega_s \geqslant 2\omega_m$ 的条件下，采样信号的频谱 $\mathscr{F}_s(e^{j\omega})$ 是以 ω_s 为周期的谱线。选择一个理想低通滤波器，使其频率特性 $H(j\omega)$ 满足：

$$H(\mathrm{j}\omega) = \begin{cases} T_{\mathrm{s}} & (\,|\,\omega\,|<\omega_{\mathrm{c}}) \\ 0 & (\,|\,\omega\,|>\omega_{\mathrm{c}}) \end{cases} \tag{8-2}$$

式中，ω_{c} 称为滤波器的截止频率，满足 $\omega_m \leqslant \omega_{\mathrm{c}} \leqslant \omega_{\mathrm{s}}/2$。将采样信号通过选择的理想低通滤波器，输出信号的频谱将与原信号的频谱相同。根据信号的时域表示与频率表示的一一对应关系可得，经过理想滤波器还原得到的信号即为原信号本身。信号重构的原理图见图 8.2。

图 8.2　信号重构原理

通过以上分析，得到如下的时域采样定理：一个带宽为 ω_m 的带限信号 $f(t)$，可唯一地由它的均匀取样信号 $f_{\mathrm{s}}(nT_{\mathrm{s}})$ 确定，其中，取样间隔 $T_{\mathrm{s}} < \pi/\omega_m$，该取样间隔又称为奈奎斯特(Nyquist)间隔。

根据时域卷积定理，求出信号重构的数学表达式为

$$\begin{aligned} f(t) &= \mathrm{IFT}\big[F_{\mathrm{s}}(\mathrm{j}\omega)\big] * \mathrm{IFT}\big[H(\mathrm{j}\omega)\big] \\ &= f_{\mathrm{s}}(t) * T_{\mathrm{s}}\frac{\omega_{\mathrm{c}}}{\pi}\mathrm{Sa}(\omega_{\mathrm{c}}t) \\ &= \frac{T_{\mathrm{s}}\omega_{\mathrm{c}}}{\pi}\sum_{n=-\infty}^{+\infty} f(nT_{\mathrm{s}})\mathrm{Sa}\big[\omega_{\mathrm{c}}(t-nT_{\mathrm{s}})\big] \end{aligned} \tag{8-3}$$

式中，抽样函数 $\mathrm{Sa}(\omega_{\mathrm{c}}t)$ 起着内插函数的作用，信号的恢复可以视为将抽样函数进行不同时刻移位后加权求和的结果，其加权的权值为采样信号在相应时刻的定义值。利用 MATLAB 中的抽样函数 $\mathrm{sinc}(t)=\sin(\pi t)/(\pi t)$ 来表示 $\mathrm{Sa}(t)$，有 $\mathrm{Sa}(t)=\mathrm{sinc}(t/\pi)$，于是，信号重构的内插公式也可表示为

$$f(t) = \frac{T_{\mathrm{s}}\omega_{\mathrm{c}}}{\pi}\sum_{n=-\infty}^{+\infty} f(nT_{\mathrm{s}})\mathrm{sinc}\Big[\frac{\omega_{\mathrm{c}}}{\pi}(t-nT_{\mathrm{s}})\Big] \tag{8-4}$$

3. 模拟低通滤波器的设计

在任何滤波器的设计中，第一步是确定滤波器阶数 N 及适当的截止频率 Ω_{c}。对于巴特沃斯滤波器，可使用 MATLAB 命令 buttord 来确定这些参数，设计滤波器的函数为 butter()，其调用形式为

$$[\mathrm{N}, \omega\mathrm{n}] = \mathrm{buttord}(\omega\mathrm{p}, \omega\mathrm{s}, \mathrm{rp}, \mathrm{rs}, \,'\mathrm{s}')$$
$$[\mathrm{b}, \mathrm{a}] = \mathrm{butter}[\mathrm{N}, \omega\mathrm{n}, \,'\mathrm{s}']$$

其中，$\omega\mathrm{p}$、$\omega\mathrm{s}$、rp、rs 为设计滤波器的技术指标，即通带截止频率、阻带截止频率、通带最大衰减和阻带最小衰减；$'\mathrm{s}'$ 表示设计滤波器的类型为模拟滤波器；N、$\omega\mathrm{n}$ 为设计得到的滤波器的阶数和 3 dB 截止频率；b、a 为滤波器系统函数的分子和分母多项式的系数矢量，假定系统函数的有理分式表示为

$$H(s) = \frac{B(s)}{A(s)} = \frac{b(1)s^n + b(2)s^{n-1} + \cdots + b(n+1)}{s^n + a(2)s^{n-1} + \cdots + a(n+1)} \tag{8-5}$$

三、程序示例

【实例 8-1】　选取门信号 $f(t) = g_2(t)$，为被采样信号。利用 MATLAB 实现对信号

$f(t)$ 的采样,显示原信号与采样信号的时域和频域波形。

因为门信号并非严格意义上所讲的有限带宽信号,由于其频率 $f > 1/\tau$ 的分量所具有的能量占有很少的比重,所以,一般定义 $f_m = 1/\tau$ 为门信号的截止频率。其中,τ 为门信号在时域的宽度。在本例中,选取 $f_m = 0.5$,临界采样频率为 $f_s = 1$,过采样频率为 $f_s > 1$(为了保证精度,可以将其值提高到该值的 50 倍),欠采样频率为 $f_s < 1$。

解 MATLAB 的源程序如下:

```
%显示原信号及其傅里叶变换示例
clc,clear;
R=0.01;                          %采样周期
t=-4:R:4;
f=rectpuls(t,2)
w1=2*pi*10;                      %显示[-20*pi  20*pi]范围内的频谱
N=1000;                          %计算出 2*1000+1 个频率点的值
k=0:N;
wk=k*w1/N;
F=f*exp(-j*t'*wk)*R;             %利用数值计算连续信号的傅里叶变换
F=abs(F);                        %计算频谱的幅度
wk=[-fliplr(wk),wk(2:1001)];
F=[fliplr(F),F(2:1001)];         %计算对应负频率的频谱
figure;
subplot(2,1,1);plot(t,f);
xlabel('t');ylabel('f(t)');
title('f(t)=u(t+1)-u(t-1)');
subplot(2,1,2);plot(wk,F);
xlabel('w');ylabel('F(jw)');
title('f(t)的 Fourier 变换');
```

程序的运行结果如图 8.3 所示。

```
%显示采样信号及其傅里叶变换示例
clc,clear;
R=0.25;%可视为过采样
t=-4:R:4;
f=rectpuls(t,2);
w1=2*pi*10;
N=1000;
k=0:N;
wk=k*w1/N;
F=f*exp(-j*t'*wk);              %利用数值计算采样信号的傅里叶变换
F=abs(F);
wk=[-fliplr(wk),wk(2:1001)];%将正频率扩展到对称的负频率
```

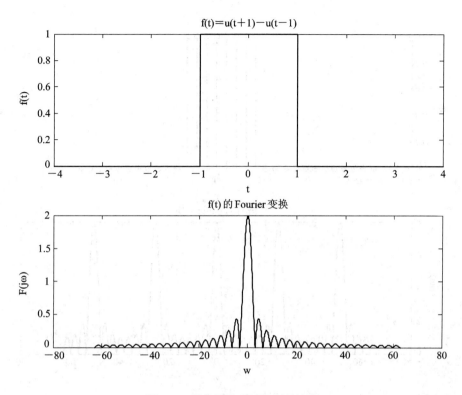

图 8.3 原信号的时域和频域波形

F=[fliplr(F)，F(2:1001)]； ％将正频率的频谱扩展到对称的负频率的频谱

figure；

subplot(2，1，1)

stem(t/R，f)； ％采样信号的离散时间显示

xlabel('n')；ylabel('f(n)')；

title('f(n)')；

subplot(2，1，2)

plot(wk，F)； ％显示采样信号的连续的幅度谱

xlabel('w')；ylabel('F(jw)')；

title('f(n)的 Fourier 变换')；

程序的运行结果如图 8.4 所示。

【实例 8-2】 利用 MATLAB 实现对示例 1 中采样信号的重构，并显示重构信号的波形。

解 MATLAB 的源程序如下：

％采样信号的重构及其波形显示示例程序

clc，clear；

Ts=0.25； ％采样周期，可修改

t=-4:Ts:4；

f=rectpuls(t，2)； ％给定的采样信号

ws=2 * pi/Ts；

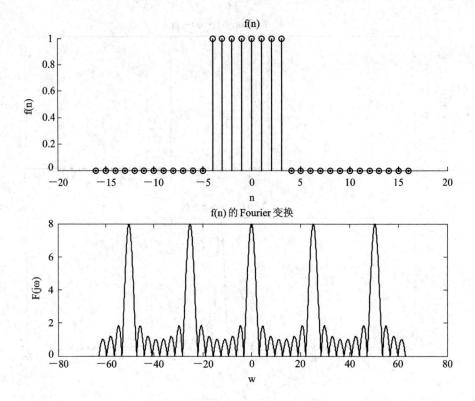

图 8.4　采样信号的时域和频域波形

wc＝ws/2;

Dt＝0.01;

t1＝−4:Dt:4;　　　　　　　　　%定义信号重构对应的时刻，可修改

fa＝Ts * wc/pi * (f * sinc(wc/pi * (ones(length(t), 1) * t1−t′ * ones(1, length(t1)))));

%信号重构

figure

plot(t1, fa);

xlabel(′t′); ylabel(′fa(t)′);

title(′f(t)的重构信号′);

t＝−4:0.01:4;

err＝fa−rectpuls(t, 2);

figure; plot(t, err);

sum(abs(err).^2)/length(err);　　　　%计算重构信号的均方误差

程序的运行结果如图 8.5 所示。

【实例 8-3】　通过频率滤波的方法，利用 MATLAB 实现对示例 1 中采样信号的重构，并显示重构信号的波形。

　解　MATLAB 的源程序如下：

　　%采用频率滤波的方法实现对采样信号的重构

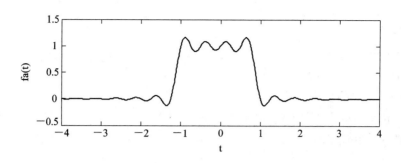

图 8.5 $f(t)$ 的重构信号

```
clc, clear;
Ts=0.25;                         %采样周期
t=-4:Ts:4;
f=rectpuls(t, 2);
w1=2 * pi * 10;
N=1000;
k=0:N;
wk=k * w1/N;
F=f * exp(-j * t' * wk);         %利用数值计算连续信号的傅里叶变换
wk=[-fliplr(wk), wk(2:1001)];
F=[fliplr(F), F(2:1001)];
Tw=w1/N;%频率采样间隔
w=-2 * pi * 10:Tw:2 * pi * 10;
H=Ts * rectpuls(w, 2. * pi/Ts);  %理想低通滤波器频率特性
%下面两行为可修改程序
%[b, a]=butter(M, Wc, 's');      %确定系统函数的系数矢量，M，Wc 为设定
                                 %滤波器的阶数和 3dB 截止频率
%H=Ts * freqs(b, a, w);
Fa=F. * H;                       %采样信号通过滤波器后的频谱
Dt=0.01;
t1=-4:Dt:4;
fa=Tw/(2 * pi) * (Fa * exp(j * wk' * t1));
%利用数值计算连续信号的傅里叶逆变换
figure
subplot(2, 1, 1)
plot(t1, fa);
xlabel('t');
ylabel('fa(t)');
title('f(t)的重构信号');
err=fa-rectpuls(t1, 2);
```

```
subplot(2，1，2)
plot(t1, err);
xlabel('t');
ylabel('err(t)');
title('f(t)的重构误差信号');
sum(abs(err).^2)/length(err)
```

程序的运行结果如图 8.6 所示。

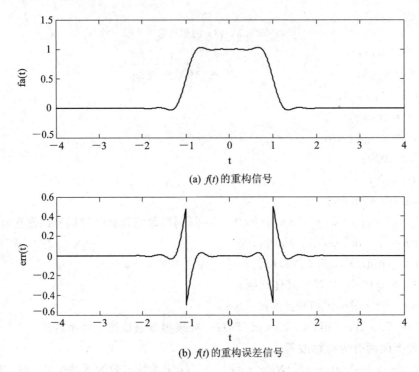

(a) $f(t)$的重构信号

(b) $f(t)$的重构误差信号

图 8.6 $f(t)$的重构信号和 $f(t)$的误差重构信号

四、基本实验内容

1. 修改实例 8-1～8-3 中的门信号宽度、采样周期等参数,重新运行程序,观察得到的采样信号的时域和频域特性,以及重构信号与误差信号的变化。

2. 将原始信号分别修改为抽样函数 Sa(t)、正弦信号 sin(20 * pi * t)+cos(40 * pi * t)、指数信号 e−2tu(t)时,在不同采样频率的条件下,观察对应采样信号的时域和频域特性,以及重构信号与误差信号的变化。

五、扩展实验内容

利用频域滤波的方法(将采样信号通过一个巴特沃斯低通滤波器)修改基本实验内容中的部分程序,完成对采样信号的重构。

六、实验报告要求

1. 简述实验目的和实验原理。

2. 整理基本实验内容 1 的程序，并说明信号在时域宽度的变化对其频率特性的影响，总结信号在时域的宽度与在频域的宽度的关系。

3. 运用采样定理的知识，说明采样周期的变化对重构信号质量的影响。

4. 如学有余力，比较扩展实验内容和基本实验内容 2 重构信号的波形，看看重构信号相对于原信号在时域是否有延时？为什么？如何设计一段程序修正信号的延时，使得重构信号与原始信号基本对齐？

5. 总结实验心得体会。

附录 A   MATLAB 主要命令函数表

命令、函数名称	功 能 说 明
＋	加
－	减
＊	矩阵乘法
．＊	数组乘法(点乘)
＾	矩阵幂
．＾	数组幂(点幂)
＼	左除或反斜杠
／	右除或斜杠
．／	数组除(点除)
％	注释
'	矩阵转置或引用
＝	赋值
＝＝	相等
<>	关系操作符
&	逻辑与
│	逻辑或
～	逻辑非
xor	逻辑异或
:	规则间隔的向量
abs	求绝对值或复数求模
acos	反余弦函数
angle	求复数相角
ans	当前的答案(预定义变量)
asin	反正弦函数
atan	反正切函数

续表一

命令、函数名称	功 能 说 明
axes	在任意位置上建立坐标系
axis	控制坐标系的刻度和形式
bar	条形图
bode	波特图(频域响应)
break	终止循环的执行
c2d	将连续时间系统转换为离散时间系统
c2dm	利用指定方法将连续时间系统转换为离散时间系统
caxis	控制伪彩色坐标刻度
cla	清除当前坐标系
clc	清除命令窗口
clear	清除工作空间变量
clf	清除当前图形
close	关闭图形
conj	求复数的共轭复数
conv	求多项式乘法,求离散序列卷积和
cos	余弦函数
d2c	变离散为连续系统
d2cm	利用指定方法将离散时间系统转换为连续时间系统
dbode	离散波特图
deconv	求多项式除法,解卷积
demo	运行演示程序
diag	建立和提取对角阵
diff	求导运算
disp	显示矩阵或文本信息
doc	装入超文本帮助说明
dsolve	求微分方程符号解
else	与 if 命令配合使用
elseif	与 if 命令配合使用
end	for、while 和 if 语句的结束
error	显示信息并终止函数的执行

续表二

命令、函数名称	功 能 说 明
errorbar	误差条图
exp	指数
expm	矩阵指数
eye	单位矩阵
ezplot	符号函数二维作图
ezplot3	符号函数三维作图
fft	快速傅里叶变换
figure	建立图形
figure	建立图形窗口
fill	绘制二维多边形填充图
filter	求差分方程的数值解
fix	朝零方向取整
fliplr	矩阵作左右翻转
for	重复执行指定次数(循环)
format	设置输出格式
fourier	求符号傅里叶变换
freqs	求连续时间系统的频率响应
freqz	求离散时间系统的频率响应
function	增加新的函数
gca	获取当前坐标系的句柄
gcf	获取当前图形的句柄
global	定义全局变量
grid	画网格线
gtext	用鼠标放置文本
help	在命令窗口显示帮助文件
hold	保持当前图形
i, j	虚数单位(预定义变量)
if	条件执行语句
ifourier	求符号傅里叶反变换
ilaplace	求符号拉普拉斯反变换

命令、函数名称	功能说明
imag	复数的虚部
impulse	求单位冲激响应
impz	求单位取样响应
inf	无穷大(预定义变量)
initial	连续时间系统的零输入响应
input	提示用户输入
int	符号积分运算
inv	求矩阵的逆
iztrans	求符号 Z 反变换
keyboard	像底稿文件一样使用键盘输入
laplace	求符号拉普拉斯变换
legend	设置图解注释
length	向量的长度
line	建立曲线
linespace	产生线性等分向量
lism	求系统响应的数值解
load	从磁盘文件中装载变量
log	自然对数
log10	常用对数
max	求最大值
min	求最小值
mod	模除后取余
nan	非数值(预定义变量)
ones	全"1"矩阵
path	控制 MATLAB 的搜索路径
pause	等待用户响应
phase	求相频特性
pi	圆周率(预定义变量)
plot	线性图形
pole	求极点

命令、函数名称	功 能 说 明
poly	将根值表示转换为多项式表示
pzmap	绘制零极点图
quit	退出 MATLAB
rand	均匀分布的随机数矩阵
randn	正态分布的随机数矩阵
real	求复数的实部
rectplus	产生非周期矩形脉冲信号
residue	部分分式展开(留数计算)
residuez	Z 变换的部分分式展开
return	返回引用的函数
roots	求多项式的根
rot90	矩阵旋转 90 度
round	朝最近的整数取整
save	保存工作空间变量
sawtooth	产生周期三角波
semilogx	半对数坐标图形(X 轴为对数坐标)
semilogy	半对数坐标图形(Y 轴为对数坐标)
simple	符号表达式化简
simplify	符号表达式化简
sin	正弦函数
sinc	抽样函数(Sa 函数)
sinh	双曲正弦函数
size	矩阵的尺寸
sqrt	求平方根
square	产生周期矩形脉冲
ss	建立状态空间模型
ss2tf	将状态空间表示转换为传递函数表示
ss2zp	将状态空间表示转换为零极点表示
stairs	阶梯图
stem	离散序列图或杆图

续表五

命令、函数名称	功 能 说 明
step	求单位阶跃响应
subplot	在标定位置上建立坐标系
subs	符号变量替换
sum	求和
surface	建立曲面
sym	定义符号表达式
syms	定义符号变量
tan	正切函数
text	文本注释
tf	建立传输函数模型
tf2ss	将传递函数表示转换为状态空间表示
tf2zp	将传递函数表示转换为零极点表示
title	图形标题
triplus	产生非周期三角波
while	重复执行不定次数(循环)
who	列出工作空间变量
whos	列出工作空间变量的详细资料
xlabel	X 轴标记
ylabel	Y 轴标记
zero	求零点
zeros	零矩阵
zp2ss	将零极点表示转换为状态空间表示
zp2tf	将零极点表示转换为传递函数表示
zplane	绘制离散时间系统的零极点图
ztrans	求符号 Z 变换

附录 B　教材中部分上机练习的参考程序

1. 第 2 章上机练习

```
%上机练习 2.1
clear;
f=50;
T=1/f;
t=0:0.00001:5;
y=3 * sawtooth(2 * pi * f * t);
plot(t, y);
axis([0 4 * T 0 3]);
```

程序的运行结果如图 B-1 所示。

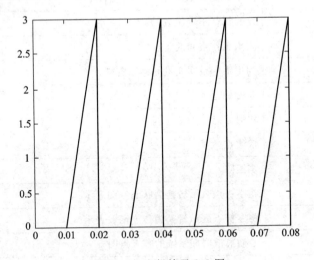

图 B-1　上机练习 2.1 图

```
%上机练习 2.2
clear;
t=-3:0.01:5;
y=(t-1). * rectpuls(t-1.5, 1)+rectpuls(t-2.5, 1)+(t-2). * rectpuls(t-
3.5, 1);
subplot(2, 1, 1);
plot(t, y);
title('f(t)');
```

```
xlabel('(a)');
t1=(3-t)/2;
subplot(2, 1, 2);
plot(t1, y);
title('f(3-2t)');
xlabel('(b)');
```

程序的运行结果如图 B-2 所示。

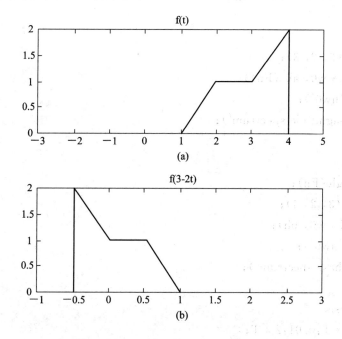

图 B-2　上机练习 2.2 图

2. 第 3 章上机练习

```
%上机练习 3.1
clear;
T=2;
width=2;
A=1;
t1=-T/2:0.01:T/2;
ft1=A * tripuls(t1, T, 0);
t2=[t1-T t1 t1+T]+1;
ft=repmat(ft1, 1, 3);
subplot(3, 1, 1);
plot(t2, ft);
xlabel('t');
title('original waveform');
```

```
w0＝2 * pi/T;
N＝3;
K＝0:N;
for k＝0:N
    factor＝['exp(−j * t * ', num2str(w0), ' * ', num2str(k), ')'];
        f_t＝[num2str(A), ' * tripuls(t−1, 2, 0)'];
    Fn(k+1)＝quad([f_t, '. * ', factor], 0, 2)/T;
end

subplot(3, 2, 3);
stem(K * w0, abs(Fn));
xlabel('nw0');
title('magnitude spectrum');

%phase
ph＝angle(Fn);
subplot(3, 2, 4);
stem(K * w0, ph);
xlabel('nw0');
title('phase spectrum');

%sythrsis
t＝−2 * T:0.01:2 * T;
K＝[0:N]';
ft1＝Fn * exp(j * w0 * K * t);
subplot(3, 1, 3);
plot(t, ft1);
title('sythesized waveform');
```

程序的运行结果如图 B-3 所示。

```
%上机练习 3.3-1;
clear;
b＝4;
a＝[1 4 8 8];
fs＝0.001 * pi;
w＝0:fs:4 * pi;
H＝freqs(b, a, w);
subplot(2, 1, 1);
plot(w, abs(H));
xlabel('Frequency(rad/s)');
```

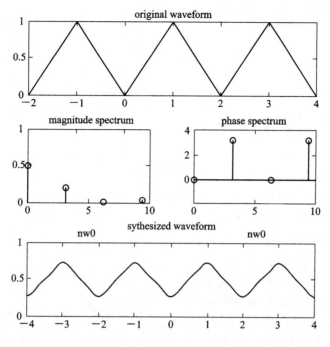

图 B-3　上机练习 3.1 图

ylabel('Magnitude');

subplot(2, 1, 2);

plot(w, 180 * angle(H)/pi);

xlabel('Frequency(rad/s)');

ylabel('phase(degree)');

程序的运行结果如图 B-4 所示。

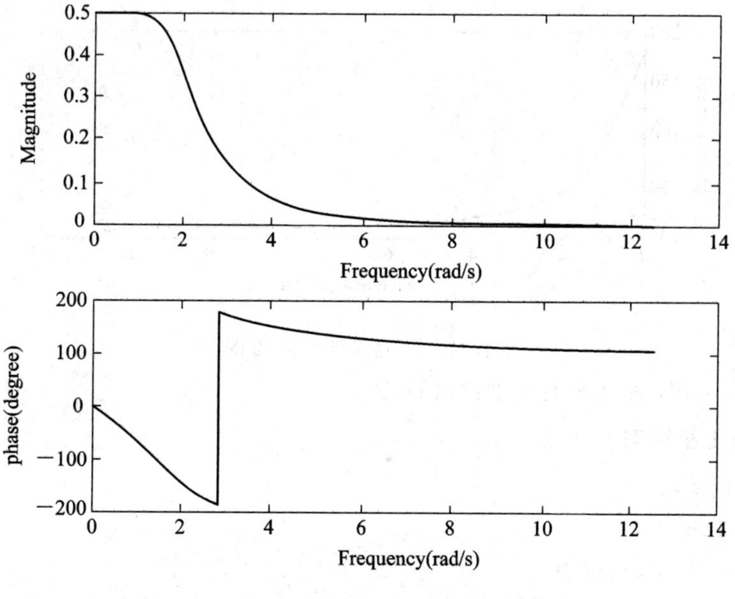

图 B-4　上机练习 3.3-1 图

由图 B-4 可知,系统具有低通滤波特性。

```
%上机练习 3.3-2;
clear;
b=[1 0 0];
a=[1 sqrt(2) 1];
fs=0.001 * pi;
w=0:fs:4 * pi;
H=freqs(b, a, w);
subplot(2, 1, 1);
plot(w, abs(H));
xlabel('Frequency(rad/s)');
ylabel('Magnitude');
subplot(2, 1, 2);
plot(w, 180 * angle(H)/pi);
xlabel('Frequency(rad/s)');
ylabel('phase(degree)');
```

程序的运行结果如图 B-5 所示。

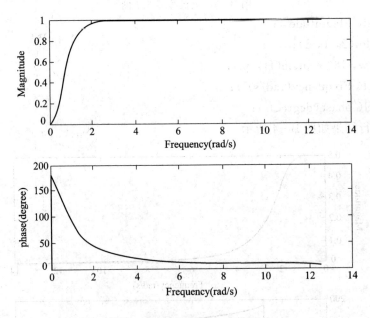

图 B-5　上机练习 3.3-2 图

由图 B-5 可知,系统具有高通滤波特性。

3. 第 4 章上机练习

```
%上机练习 4.1
clc, clear;
num=[1, 0, 0, 0];
den=conv([1, 5], [1, 5, 25]);
```

```
[z，p，k]＝residue(num，den)
```

运行结果：

```
z ＝
    －2.5000 － 1.4434i
    －2.5000 ＋ 1.4434i
    －5.0000
p ＝
    －2.5000 ＋ 4.3301i
    －2.5000 － 4.3301i
    －5.0000
k ＝
       1
```

即

$$F(s) = \frac{-2.5 - 1.4434j}{s - (-2.5 + 4.3301j)} + \frac{-2.5 + 1.4434j}{s - (-2.5 - 4.3301j)} + \frac{-5}{s+5} + 1$$

$$= 1 - \frac{5s}{(s^2 + 5s + 25)} - \frac{5}{s+5}$$

$$= 1 - \frac{5(s + \frac{5}{2}) - \frac{25}{2}}{(s + \frac{5}{2})^2 + \frac{75}{4}} - \frac{5}{s+5}$$

$$= 1 - \frac{5(s + \frac{5}{2})}{(s + \frac{5}{2})^2 + \frac{75}{4}} + \frac{\frac{25}{2}}{(s + \frac{5}{2})^2 + \frac{75}{4}} - \frac{5}{s+5}$$

其逆变换式为

$$f(t) = \delta(t) - 5e^{-\frac{5}{2}t}\cos\frac{5\sqrt{3}}{2}tu(t) + \frac{5\sqrt{3}}{3}e^{-\frac{5}{2}t}\sin\frac{5\sqrt{3}}{2}tu(t) - 5e^{-5t}u(t)$$

％上机练习 4.3

```
    clc，clear；
    num＝[1 0 0 1]；den＝[1 0 2 0 1]；
    sys＝tf(num，den)；
    figure(1)；
    pzmap(sys)；
    axis([－2 2 －2 2])；

    t＝0:0.02:10；
    h＝impulse(num，den，t)；        ％求单位冲击响应

    figure(2)；plot(t，h)；xlabel('t(s)')；ylabel('h(t)')；title('Impulse Re-
sponse')；        ％画单位冲击响应波形图
```

[H，w]＝freqs(num，den)；　　%求频率响应

figure(3)；plot(w，abs(H))；　　%画幅频响应

xlabel($'\backslash$omega（rad/s）$'$)；ylabel($'|$H（j$\backslash$omega）$|'$)；title（$'$Magenitude Response$'$）；

程序的运行结果如图 B－6、B－7、B－8 所示。

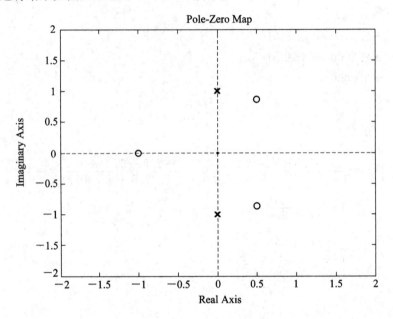

图 B－6　系统的零极点图

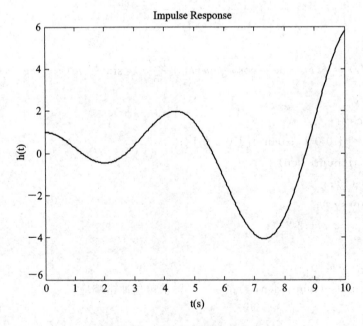

图 B－7　系统的单位冲击响应

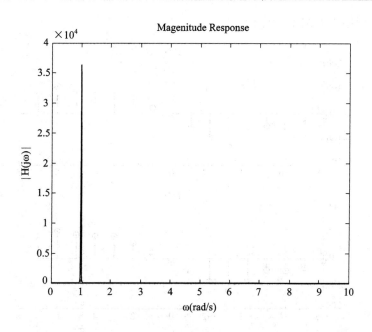

图 B-8　系统的幅频响应

4. 第 5 章上机练习

％上机练习 5.1 - 1：验证交换律

```
clc, clear；
n1＝－5：5；
f1＝2 * n1；
n2＝－3：2；
f2＝[1, 3, 2, 1, 5, 7]；
n3＝－7：0；
f3＝exp(－0. 2 * n3)；
％验证交换律 f1 * f2＝f2 * f1
n12＝n1(1)＋n2(1)：n1(length(n1))＋n2(length(n2))；
y12＝conv(f1, f2)；
n21＝n2(1)＋n1(1)：n2(length(n2))＋n1(length(n1))；
y21＝conv(f2, f1)；
subplot(2, 1, 1)；
stem(n12, y12)；
title('f1 * f2')
subplot(2, 1, 2)；
stem(n21, y21)；
title('f2 * f1')
```

程序的运行结果如图 B-9 所示。

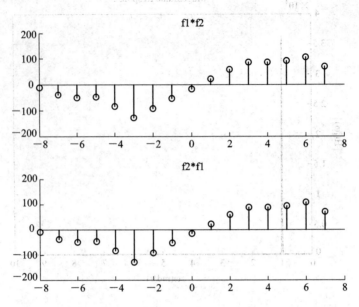

图 B-9 验证交换律

％上机练习 5.1－2：验证结合律

```
clc, clear;
n1＝−5:5;
f1＝2 * n1;
n2＝−3:2;
f2＝[1, 3, 2, 1, 5, 7];
n3＝−7:0;
f3＝exp(−0.2 * n3);
％验证结合律(f1 * f2) * f3＝f1 * (f2 * f3)
n12＝n1(1)＋n2(1):n1(length(n1))＋n2(length(n2));
y12＝conv(f1, f2);
n123＝n12(1)＋n3(1):n12(length(n12))＋n3(length(n3));
y123＝conv(y12, f3);
n23＝n2(1)＋n3(1):n2(length(n2))＋n3(length(n3));
y23＝conv(f2, f3);
n231＝n23(1)＋n1(1):n23(length(n23))＋n1(length(n1));
y231＝conv(y23, f1)
subplot(2, 1, 1);
stem(n123, y123);
title('(f1 * f2) * f3')
```

```
subplot(2, 1, 2);
stem(n231, y231);
title('f1 * (f2 * f3)')
```

程序的运行结果如图 B - 10 所示。

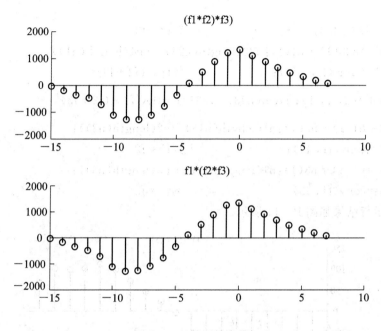

图 B - 10 验证结合律

%上机练习 5.1 - 3：验证分配率
```
clc, clear;
n1 = -5:5;
f1 = 2 * n1;
n2 = -3:2;
f2 = [1, 3, 2, 1, 5, 7];
n3 = -7:0;
f3 = exp(-0.2 * n3);
```

%验证分配率 f1 * (f2 + f3) = f1 * f2 + f1 * f3
```
n23 = min(n2(1), n3(1)):max(n2(length(n2)), n3(length(n3)))
if(n2(1)<n3(1))
    f33 = [zeros(1, length(n23)-length(n3)), f3]
else
    f22 = [zeros(1, length(n23)-length(n2)), f2]
end
```

```
if(n2(length(n2))<n3(length(n3)))
    f22=[f2, zeros(1, length(n23)−length(n2))]
else
    f33=[f3, zeros(1, length(n23)−length(n3))]
end
f23=f22+f33;                        %f2+f3
n231=n23(1)+n1(1):n23(length(n23))+n1(length(n1));
y231=conv(f23, f1);                 %f1 * (f2+f3)

subplot(2, 1, 1); stem(n231, y231); title('f1 * (f2+f3)')

n12=n1(1)+n2(1):n1(length(n1))+n2(length(n2));
y12=conv(f1, f2);                   %f1 * f2
n13=n1(1)+n3(1):n1(length(n1))+n3(length(n3));
y13=conv(f1, f3)                    %f1 * f3
```

程序的运行结果如图 B-11 所示。

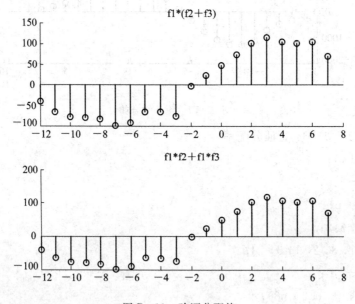

图 B-11 验证分配律

```
%上机练习 5.4
    clc, clear;
    n1=−3:20;
    f1=(3 * n1+9). * ((n1>=−3)&(n1<=2))+(−n1.^2+22). * ((n1>=3)
    &(n1<=6))−7. * (n1>=7&n1<=10)+10 * cos(0.5.^n1). * ((n1>=11)&
    (n1<=15))+100 * exp(−0.2 * n1). * ((n1>=16)&(n1<=20));
    subplot(3, 1, 1);
    stem(n1, f1);
```

```
ylabel('f1');
n2=1:15;
f2=4*n2.^0.3.*((n2>=1)&(n2<=3))+(n2-10).*((n2>=4)&
(n2<=6))+(-n2+12).*((n2>=7)&(n2<=10))+0.*((n2>=11)&
(n2<=13))+2.*((n2>=14)&(n2<=15));
subplot(3,1,2)
stem(n2,f2)
ylabel('f2');
n=n1(1)+n2(1):n1(length(n1))+n2(length(n2));
y=conv(f1,f2);
subplot(3,1,3);
stem(n,y);
ylabel('y=f1*f2');
```

程序运行结果如图 B-12 所示。

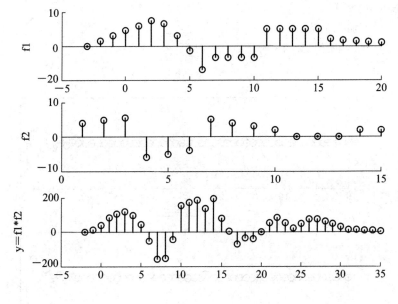

图 B-12　上机练习 5.4 图

5. 第 6 章上机练习

```
%上机练习 6.2
clear;
n=0:50;
f=0.5.^n;
a=[2 1 -3];
b=[2 1];
Y=[1 2];
%求全响应
```

```
xic＝filtic(b，a，Y)；
y＝filter(b，a，f，xic)；
subplot(3，1，1)；
stem(n，y)；
title('全响应')；
%求零状态响应
y1＝filter(b，a，f)；
subplot(3，1，2)；
stem(n，y1)；
title('零状态响应')；

%求零输入响应
y2＝y－y1；
subplot(3，1，3)；
stem(n，y2)；
title('零输入响应')；
```

程序的运行结果如图 B-13 所示。

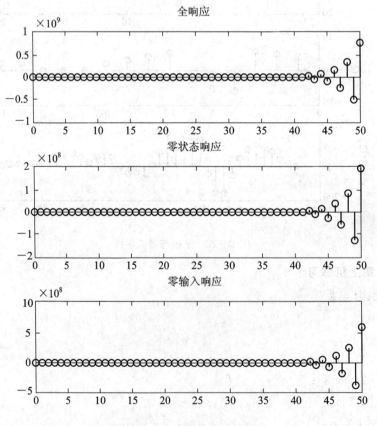

图 B-13　上机练习 6.2 图

%上机练习 6.4

```
clear;
%求系统的系统函数
z=[-0.7+0.5*i -0.7-0.5*i -0.8+0.15*i -0.8-0.15*i]';
p=[0.8 0.7 0.75+0.2*i 0.75-0.2*i 0.85+0.4*i 0.85-0.4*i]';
k=0.9;
[b, a]=zp2tf(z, p, k);
%画出系统的零极点图
figure(1);
zplane(b, a);
%画出系统的幅频响应和相频响应
figure(2);
w=0:0.01*pi:2*pi;
H=freqz(b, a, w);
subplot(2, 1, 1);
plot(w/pi, abs(H));
title('Magnitude response');
xlabel('Frequency\omega(unit:\pi)');
subplot(2, 1, 2);
plot(w/pi, angle(H));
title('Phase response');
xlabel('Frequency\omega(unit:\pi)');
```

程序的运行结果如图 B-14 和 B-15 所示。

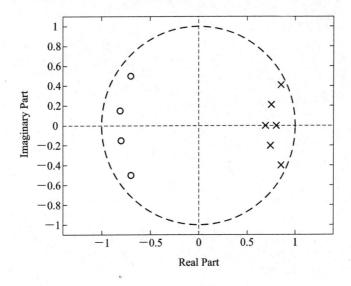

图 B-14　系统的零极点图

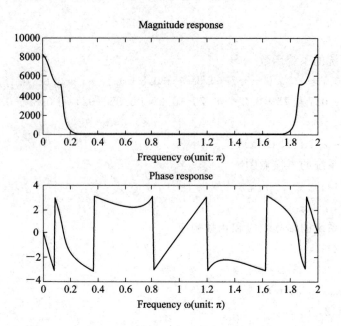

图 B-15 系统的幅频响应和相频响应

由图 B-14 可知,系统的全部极点都在单位圆内,所以系统是稳定的。

参 考 文 献

[1] 徐亚宁，苏启常. 信号与系统. 2 版. 北京：电子工业出版社，2007.

[2] 徐亚宁，李和. 信号与系统分析. 北京：科学出版社，2010.

[3] 刘政波，刘斌，等. 应用 MATLAB 实现信号分析和处理. 北京：科学出版社，2006.

[4] 杜晶晶，金学波. 信号与系统实训指导. 西安：西安电子科技大学出版社，2009.

[5] 承江红. 信号与系统仿真及实验指导. 北京：北京理工大学出版社，2011.

[6] 袁文燕，等. 信号与系统的 MATLAB 实现. 北京：清华大学出版社，2009.

[7] http//www.mathworks.com